到MASA家学幸福料理

Joy of Cooking at MASA's Place

温暖料理新手的101道贴心食谱

（日）MASA 著

河南科学技术出版社
·郑州·

图书在版编目（CIP）数据

到MASA家学幸福料理／（日）MASA著.—郑州：河南科学技术出版社，2012.8
ISBN 978-7-5349-5564-8

I.①到… II.①M… III.①食谱 IV.①TS972.12

中国版本图书馆CIP数据核字（2012）第060018号

出版发行：河南科学技术出版社
地址：郑州市经五路66号　邮编：450002
电话：(0371) 65737028　65788613
网址：www.hnstp.cn
策划编辑：刘　欣
责任编辑：李　娟
责任校对：柯　姣
封面设计：水长流文化
印　　刷：北京瑞禾彩色印刷有限公司
经　　销：全国新华书店
幅面尺寸：170 mm × 230 mm　印张：17.5　字数：300千字
版　　次：2012年8月第1版　2012年8月第1次印刷
定　　价：39.80元

传达料理的幸福

第一本食谱图书出版后，受到许多朋友的支持与鼓励，所以才有机会继续出版第二本食谱图书。真的非常感谢大家！

上一本食谱图书面世后，我收到大家许多宝贵意见与建议，我也尽量采用，并与出版社编辑认真讨论后，开始进行第二本食谱书的制作。所以，这本书包含了许多尚未在我的博客公开的秘密食谱！也开始用单反数码相机拍摄照片，不断地在工作中改进，希望本书可以比第一本书更优秀。

和之前一样，我还是一直喜欢用表情文字以及奇怪的中文，与未曾受过专业训练所拍摄出来的照片。

因为想要尽量保留所有食谱的特色，并调整文字，使之成为适合所有人阅读的文章，出版社的工作人员花了不少时间处理，让我觉得非常不好意思……

可以出版自己的食谱，我非常感谢我的父母。

我母亲很会做菜，除了一天三餐的料理外，她还常常做点心给我们吃。母亲的裁缝活计也很厉害，在我的记忆中，小时候的我一直穿着母亲做的衣服。读小学时，头发也都是母亲剪的。长大后，我慢慢开始注重自己的外表，母亲的剪发技术已经达不到我的要求。我还记得被妈妈剪头发后，隔天去学校，因为遭到同学嘲笑而非常难过…… (一_一;)

至于父亲，则是生活于日本高度成长期，也就是“激进的昭和”时代，是每天非常忙碌的典型日本上班族。大我5岁的哥哥偶尔有时间和父亲说话，可是我却没有什么机会和他聊天……所以我对他的印象就是，一位对工作非常热情、认真的父亲。

因为有父亲和他们那一代长辈一直努力工作，才造就现在许多非常了不起的技术，让我们这一代可以过着如此便利的生活，所以我非常尊重他们。

我也很希望可以像父亲和他那一代的长辈一样，把自己做厨师的经验与知识，以及“料理的快乐”不分国界地传达给所有人。希望，所有人不只可以享受吃料理的幸福，也可以享受做料理的幸福！

可以贡献自己微薄的心力给许多人，也因此我才有机会对在天国的双亲尽点孝心。再次表达我对双亲的感谢：“谢谢爸爸妈妈！”

当然，也非常感谢来自世界各国的大家对我的莫大支持。若没有大家的鼓励，我想，就不可能有现在的我。

最后，非常感谢Lydia每次都像阳光般地给我支持和鼓励。

目前，我还在持续挑战自己，看看还有什么方法可以和全世界的各位一起享受料理！

也希望这本书到许多人的手上后，大家都可以和我一样，一起在家里享受幸福料理的美好时光！

contents

目录

序：传达料理的幸福 3

MASA最爱的料理食材 11

圣女果 11

小黄瓜 11

白萝卜 11

豆腐 11

四季豆 12

荷兰豆 12

洋葱 12

牛蒡 12

甘薯 13

土豆 13

南瓜 13

山药 13

菇类 13

鸡蛋 14

生鱼片 14

鲑鱼 14

Part 1

MASA的 家常菜

滑嫩多汁！鸡排菇白酱和瞬间蛋包饭 16

豪华鲑鱼泡饭＋方便面 18

日式润饼、即席鳗鱼和乳酪春卷 20

北海道乡土风鲑鱼味噌奶油酱意大利面 22

生火腿和芦笋意式炖饭 24

丰富到不能再丰富的豪华鲜虾奶油可乐饼 26

日式炒乌龙面 29

不用刀！手工简单韩式泡菜金枪鱼炒饭 30

荷包蛋和香煎培根奶油笔尖面 32

立即可食！方便面炒饭 35

很快！很便宜！很好吃！猪肉烧肉盖饭 36

味道丰富！日式意大利面 37

超特急！鲑鱼蛋炒饭 38

韩式泡菜炒乌龙面 40

简单快速！多彩口味迷你比萨 42

炸鸡鲜嫩多汁的秘密大发现！便当必备菜“唐扬炸鸡” 44

意外简单！沙锅煮米饭 46

拉面必备美味！“煮玉子” 48

“日式”麻婆豆腐 50

让下巴和肚子运动一下——牛蒡脆脆沙拉 52

创意叭哩叭哩辣味豆腐沙拉 54

Part 2

MASA的 健康料理

京都料理——烤西京渍鳕鱼 58

DHA、蛋白质丰富的金枪鱼培根意大利面 60

煎干贝、芦笋与简单酱油莎莎酱 62

味噌渍两种金枪鱼——普切挞和毛豆泥酱 65

午餐定食！腌渍鲷鱼盖饭 68

日式虾卵凉细面 70

低热！健康！快速！鲜虾意大利面 72

低热亚细亚风生春卷沙拉 74

日式口味！蒜香清酒蛤蜊意大利面 76

最适合晚上吃的食物！猪肉和京水菜哈哩哈哩锅＋胡麻味噌蘸酱 78
南国风味！季节水果——芒果蟹肉创意手卷 80
海老和鳄梨创意手卷 82
健康、简单千层卷心菜和百菇杂炊 84
营养丰富！金枪鱼山药盖饭 87
MASA的创作甜虾手卷 90
营养丰富！培根蛋和荞麦粉的法式咸可丽饼 92
金枪鱼松子鳄梨千层寿司 95
鲑鱼亲子魔芋杂炊 98
家庭必备健康料理味噌煮鲭鱼 100
简单！自制家庭手工香松 102
亚细亚风味噌渍鲷鱼琥珀沙拉 104
叭哩叭哩面线海苔和小鱼比萨 106

Part 3

MASA的
便当菜

MASA的乐乐日式便当 110
汉堡球和日式炸虾便当 112
超简单姜烧猪肉便当 116
豆皮寿司＋彩色便当 118
日本寿司和照烧鸡肉便当 120
酱油渍炸鸡的雪里红炒饭便当 123
超简单！自制咖喱和金枪鱼三明治袋 126

世足冠军纪念——必胜！足球便当 130

蛋包意大利面和培根干贝便当 134

“奇玛咖喱”铁制便当 137

韩式泡菜牛肉盖饭便当 140

茄汁煮汉堡肉和“酷鲁酷鲁”蛋包饭 142

味噌腌煎鲑鱼、凉拌芝麻味噌四季豆和海苔蛋卷便当 146

Part 4

MASA的 电炖盅料理

秘密武器登场！电炖盅咖喱鸡肉 150

鲑鱼亲子炊饭 154

红酒炖牛肉 156

鸡肉和敲敲牛蒡煮物 159

日式BAGNA CAUDA蒸综合蔬菜 162

田园风味噌煮牛肉 164

“土曜丑的日”特别策划！快速、营养满点鳗鱼炊饭 167

纤维之王牛蒡汤 170

豪华白酒蒸综合海鲜 172

蒸鳕鱼与日式莎莎酱 174

Part 5

MASA的 素食食谱

魔芋百菇杂炊 178

有空慢慢试试看！非常手工栗子炊饭 180

享受天然的夏季蔬菜！BBQ综合蔬菜意大利面 183

小辣快炒魔芋 186

低热量韩式魔芋面 188

凉乌龙面 190

养生纳豆鳄梨春卷 192

迷你韩式泡菜锅巴比萨 194

简单！快速！3种“浅渍”泡菜 196

当点心、配酒都可以！健康山药“矶辺风”煎饼 200

豆腐起司沙拉和意式芥末酱 202

温泉蛋纳豆面 204

焦掉才好吃！烤茄子凉面 206

太好吃，吃不停！要小心！炸玉米沙拉 209

芝麻辣味噌凉釜扬乌龙面 212

Part 6

MASA的 简易点心

抹茶和红豆蛋糕 214

香蕉蛋糕松饼 216

和果子的基础——红豆馅 219

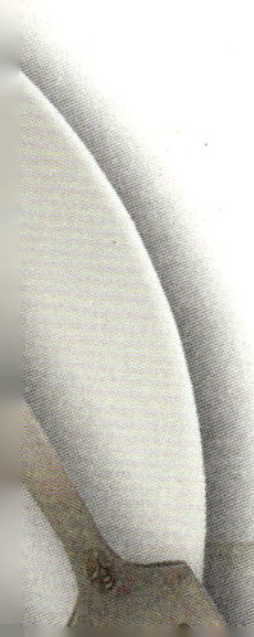

简单甜点——起源京都的和果子“生八桥” 222
蛋糕的基础——海绵蛋糕 224
海绵蛋糕的基本应用——草莓蛋糕 227
母亲节快乐！自己做简单蜂蜜蛋糕 230
焦糖苹果蛋糕 235
大家一起做麻薯——日本传统点心“御萩” 238
起司覆盆子馄饨皮千层派 242
当季水果和起司蛋糕 244
豪华绚烂组合！布丁可丽饼卷 248
传统洋果子葡萄卡士达奶油酱杏仁挞 251
料理和甜点的基础——派皮 254
料理和甜点的应用！南瓜和菠菜法式咸派 258
享乐季节来了！简单手工桑葚派 261
覆盆子豆腐起司蛋糕 264
一口小点心！迷你芒果派 267
日本咖啡店必备甜点蒙布朗栗子蛋糕 270
枫糖浆烤吐司蛋糕 274
享受简单的美味抹茶和甘薯饼 276

使用本书之前你必须知道的事：

1 本书材料重量与容量换算表：＊1kg＝1000g。

＊1杯＝240mL＝16大匙；1大匙＝15mL；1小匙＝5mL。

2 各种调味料中，每种牌子的咸度都不一样，建议你参考书上的比例，再适当调整成自己喜欢的口味。

3 延伸菜单仅供参考。

圣女果

我个人很喜欢用它做盘饰，切成小块后不容易软掉，也可以用来做酱料或甜点。圣女果含丰富的茄红素，有天然的抗氧化功能，但由于茄红素是脂溶性的，最好经过油脂烹调后食用，以利于人体的吸收。

小黄瓜

非常大众的菜，是我宵夜的紧急救急菜之一！如果没有足够的时间做料理，或肚子饿到不行时，直接撒点盐或蘸味噌吃就非常可口！

白萝卜

是食用方法非常多的蔬菜之一，可生食，可炖煮煲汤。白萝卜含有分解油分的物质，像天妇罗旁边放的萝卜泥，不只是为了增加味道而已，还有这个原因。而关东煮里人气最高的材料也是白萝卜。

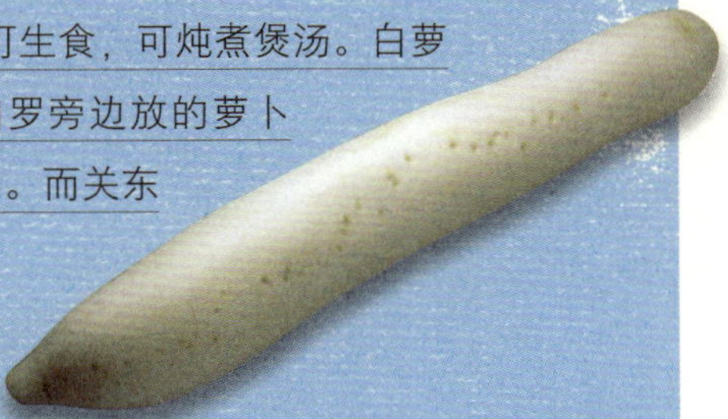

豆腐

是大豆加工而成的食品，质地细致，营养价值高，西方的营养学家尤其推崇，认为豆腐是有益健康的食物。豆腐热量低，含有丰富的蛋白质、多元不饱和脂肪酸，以及各种维生素与矿物质，其营养成分与肉类相当，且不含胆固醇，可以说是健康食材里的主角！不仅可做沙拉，还可以用来做点心；既是火锅料理的好搭档，更是食材里的优等生哦！

四季豆

含有β胡萝卜素与维生素C，还有铁、钙、镁和磷等矿物质。放点油清炒就很美味，是非常容易料理的蔬菜。不但可作为配菜增加颜色，还可以卷在肉片里，做凉拌前菜，脆脆的口感很好。

荷兰豆

含有丰富的蛋白质、脂肪及B族维生素，可用来煮汤、炒菜，还可作为休闲食品与下酒小菜。作为盘饰也非常可爱。~♪

洋葱

是料理中应用非常广泛的一种食材，生的、熟的都很好吃，有炒、炖、煎、炸、蒸等各种烹调法。洋葱逆纹切、顺纹切会有不同的口感与味道。切洋葱时，先剥皮，浸入水中，再切块或切丝，不会刺激眼睛而流泪。洋葱生吃的辛辣味强，熟食则越煮越甜，所以西餐中常利用洋葱来提味、炒香。

牛蒡

外观看起来并不是特别好吃的样子，但煮后的味道与口感非常好！含有丰富的纤维，对肠胃很好，可健胃整肠，消胀气，改善便秘。

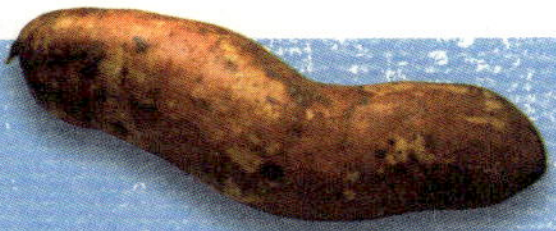

甘薯 甘薯的好处多多，拥有所有淀粉质食物所含有的养分，其中丰富的纤维素有助于排便、代谢和清除微细血管中的废物。在台湾，甘薯是很多人的排毒餐，也是我个人很爱用的食材之一。蒸一蒸就很好吃，也可以做成咸食，当然做甜点也很适合。

土豆 含有丰富的营养，容易有饱腹感，加上便于贮存，自古以来就是人类重要的食物来源之一。虽然含有丰富的淀粉，但热量却很低。它含有一种叫“GABA4-氨基丁酸”的物质，会让内脏充满活力，并燃烧热量。烹调方式多样化，不论是作为主食还是副食品，都是非常好的减肥圣品。

南瓜 OH，YES！我最爱的食材之一，看到它的颜色就很容易被吸引！因为它本身的味道不是很强，是比较低调的甜香。但是它温柔的风味与颜色，会让大家有幸福的感觉！

山药 它的名字就可以说明自己很营养。我个人比较习惯生吃，脆脆黏黏的口感非常清爽！加热后会有松软的口感，是做大阪烧不可或缺的食材。

菇类 包括香菇、秀珍菇、金针菇，本来是属于秋天的蔬菜，但在台湾一年四季都能买到。我个人非常喜欢用奶油和酱油来做“炒奶油菇”。当然，菇类不只可以用来炒菜，煮汤或跟米一起煮也很香！

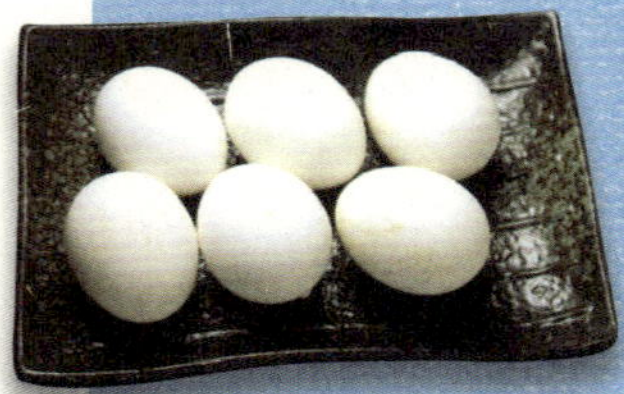

鸡蛋 是所有食材中最物美价廉的一种。不但营养丰富，而且料理方法千变万化，是既经济又实惠的蛋白质来源。只要加热就会变成任何你想要的料理，不仅能做成咸食，还可以做甜点。

（生食用）

生鱼片 产地不同，品种不同，肉质颜色也不大相同。生鱼片肉质鲜美，营养价值高，通常都是呈红色或粉红色时油脂含量多，口感最好。一般在超市就可以买到生鱼片，而在海鲜市场可以买到较大分量、价格也较便宜的生鱼片！^^ 但最重要的是，买生鱼片时一定要确认是否新鲜，同时要确认是否适合“生食”！

（加热用）

鲑鱼 鲑鱼是所有鱼类中Ω-3（不饱和脂肪酸）含量最高的鱼种，加上热量低，比其他鱼的腥味少，非常适合用来煮汤，也可以烤、蒸、红烧、油炸及干煎。不论做哪种料理都适合，是很好相处的Mr. Friendly Fish（友好的鱼先生）！^^

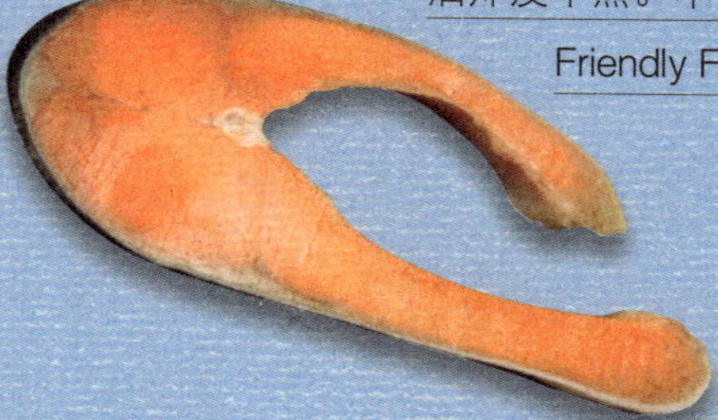

Juicy Chicken thigh with Mushroom sauce & Non-flip omLet
Juicy Chicken thigh with Mushroom sauce & Non-flip omLet
Spring roll with BBQ eel & Cream cheese
Miso flavored Alfred sauce with Salmon spaghetti
Prosciutto & Asparagus risotto
Can-t be any Feng-fu ER!! Gorgeous Prawns creamed sauced briquette
Japanese Fried Udon
Knife-less, Real hand-made Kimchee & tuna fried rice
Carbonara with pauched egg
Gourmet fried rice & noodles
Q.I.D. (Quick! Inexpensive! Delicious!) Marinated pork-Don
Japanese style soy sauce based spaghetti
Express Salmon fried rice
Kimchee Stir fried Udon
Easy Colorful Mini wonton pizza
Secret technique! Must have item for lunch box.
Japanese style Deep fried chicken
Surprisingly easy Ceramic pot steamed rice
Must have Ramen Garnish item Marinated boiled egg
Japanese teaches Chinese how to cook
Chinese food- Japanese style Ma-Bo Tofu
Exercising jaw & stomach-Burdock root salad
Spicy Tofu salad with crispy shell

Juicy Chicken thigh with Mushroom sauce & Non-flip omLet

滑嫩多汁！鸡排菇白酱和瞬间蛋包饭

1人份

中午想吃什么？我常常吃One Plate Meal（“一盘饭”），一个盘子里有菜、肉、饭，不用麻烦地洗很多盘子……又脆又香的蒜香奶油米饭，用滑滑的蛋包起来，还有外皮非常脆的鸡肉，加上香菇味很浓郁的白酱，既简单，又好吃！

Ingredients

[材料]

鸡腿肉——**1片**
chicken thigh

米饭——**150g**
steamed rice

蒜（切片）——**1～2瓣**
sliced garlic

欧芹（磨碎）——**少许**
parsley

奶油 butter——**1小匙**

鸡蛋 egg——**2个**

盐 salt——**少许**

黑胡椒粉 black pepper——**少许**

[香菇白酱]

香菇（切片）——**1朵**
shitake mushroom

洋葱（切片）onion——**1/4个**

面粉 flour——**1小匙**

牛奶 milk——**150mL**

奶油 butter——**2小匙**

1 把奶油放入锅里，奶油融化后放入洋葱片，将洋葱炒到透明。

2 加入香菇，继续炒。

菇类很能吸油，如果太干，可以再加点奶油。

3 加入面粉稍微拌一下，让面粉能够均匀地散开。

面粉很容易粘在锅底，可用方形的木匙刮掉。

4 加入牛奶。

香菇白酱的另一种做法：先用比较多的奶油炒洋葱和香菇，加入面粉继续炒，最后加入牛奶。用这种做法，面粉不易结粒。

延伸菜单
《在厨房遇见MASA》
P.38：超简单、健康的迷你蛋包饭

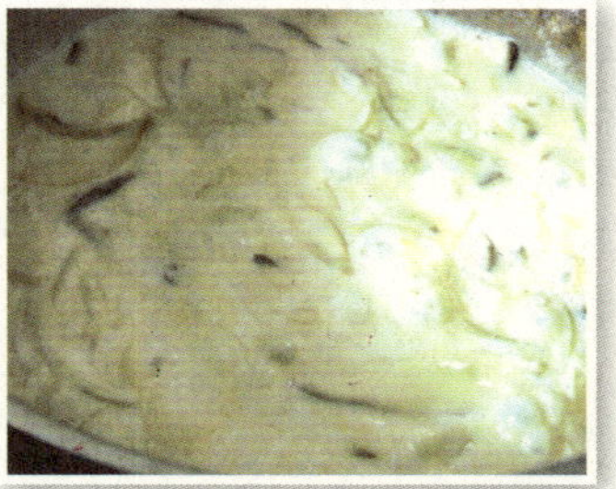

5 用方形的木匙拌一拌，确认已刮到锅底，继续煮到面粉完全变成糊状。

6 接着煎鸡排。在鸡腿肉上面撒些盐和黑胡椒粉，再下锅煎熟，盛起后要将它保温。

7 加奶油，用小火慢慢把蒜片炒到呈金黄色。

8 放入米饭拌炒，加盐和黑胡椒粉调味，最后放入欧芹碎粒。

9 盘子中放入步骤8的炒饭，并整理成长圆形。

10 锅内加入蛋液，用汤匙从外面往中间刮。

因为一般煤气灶外圈的火比较大，即外圈的蛋熟得比较快。

11 把半熟的蛋滑到步骤9的炒饭上。

动作要快一点，锅凉后蛋就不好滑了。

12 将步骤6煎好的鸡腿肉切成容易吃的大小，放在炒饭上，再淋上步骤5的酱。

豪华鲑鱼泡饭+方便面

1人份

天气又变冷了！本来要收起来的电暖器，只好继续留着。最近真的觉得天气怪怪的，这么冷的晚上，即使肚子饿了，也不想花太多时间在厨房做料理，不想吃太油的食物。刚好冰箱里有冷冻的鲑鱼，解冻一下，做一道鲑鱼泡饭吧！我们日本人经常吃这种宵夜，工作到很晚回家，肚子饿，没有力气做料理，只有电饭煲里保温的米饭，直接将茶渍粉撒在米饭上，淋上热绿茶就可以吃了！这次，我要介绍较为豪华的“鲑鱼泡饭”，不用买现成的粉类，你可以自己做，而且我还加了一个很有趣的调味品！

Ingredients

[材料]

- 鲑鱼 salmon——1/2片
- 米饭 steamed rice——1碗
- 方便面 noodle snack——适量
- 鲑鱼卵 ikura——1大匙
- 葱花——少许 chopped green onion
- 海苔片 seaweed——适量
- 芥末酱 wasabi——少许
- 盐 salt——少许

[泡饭的汤]

- 水 water——250mL
- 酱油 soy sauce——1/2小匙
- 蚝油（不加也可以）——1/2小匙 hondashi
- 盐 salt——少许

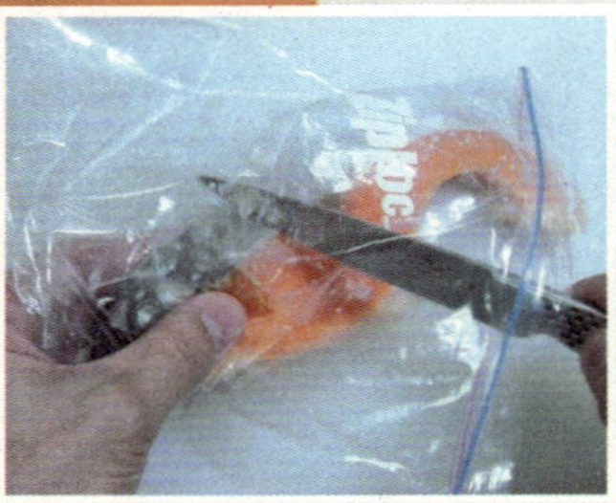

1 将鲑鱼去掉鱼鳞。如果怕鱼鳞溅到脸上，可放在袋子里慢慢刮。最后用水冲洗掉鱼鳞和黏液。

2 用纸巾擦干鱼肉，撒上盐。

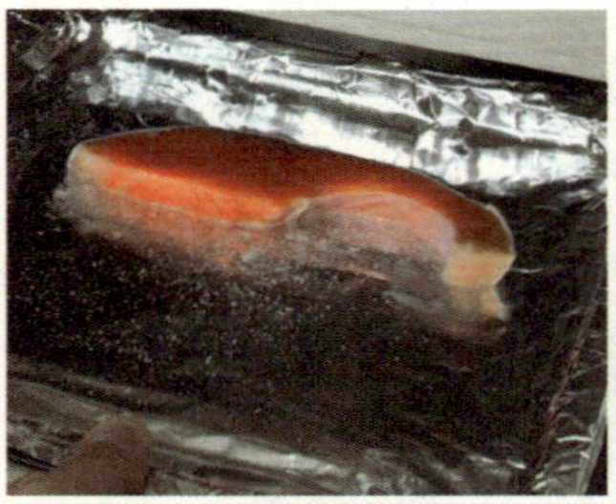

3 放入预热好（200℃）的烤箱中，烤约5分钟。

每种烤箱特性不同，可能需要调整时间哦！

4 在旁边准备泡饭的汤。锅中加入水、蚝油（不加也可以）、酱油和盐。

如果有空，可以做日式高汤。步骤请参见《在厨房遇见MASA》P.168步骤1～3。本来鲑鱼泡饭是淋上普通绿茶，这样也可以！

延伸菜单 P.154：鲑鱼亲子炊饭

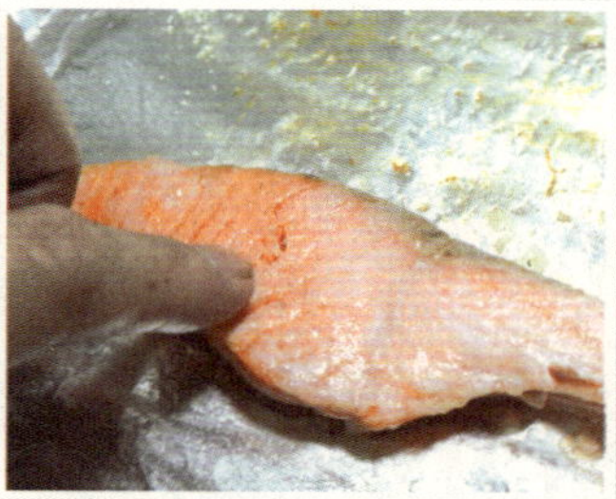

5 米饭是我之前煮好包起来的“冷冻米饭”，微波加热3分钟就好了！

请参见《在厨房遇见MASA》P.36步骤1～8，自己如何做冷冻米饭。

6 再等5分钟，拿出烤好的鱼，先把皮撕开，放在旁边，放回烤箱再烤3分钟左右，烤到稍微呈金黄色。

因为我想要把鲑鱼皮烤得脆脆的，所以先把鱼皮、鱼肉分开。

7 鱼烤好了，剔掉鱼刺。我的手指旁边就有几根，要仔细看哦！

8 用筷子或叉子把鱼肉弄碎后，放在米饭上。

9 将脆脆的鱼皮切小块，放在鲑鱼上面。

10 现在我们来欢迎神秘人物——张君雅小妹妹（台湾的一种方便面）登场！包装上写：“everyone says GOOD GOOD EAT（大家都说好好吃）！”唔嗯……非常直接的翻译，应该是故意的吧！(一_一;)

11 里面有——哇！很好玩耶！我来“TRY TRY LOOK（试试看）！”(*￣▽￣*)～♪装在碗里。

12 中间放鲑鱼卵与芥末酱，撒上葱花、海苔片，食用时把步骤4的汤淋上去！GOOD GOOD EAT！

这次用我很喜欢的“鲑鱼”，当然用其他的鱼也可以！看你喜欢什么鱼，烤一下做一碗泡饭吧！^^

Spring roll with BBQ eel & Cream cheese

日式润饼、即席鳗鱼和乳酪春卷

1人份

延伸菜单

P.167：“土曜丑的日”特别策划！快速、营养满点鳗鱼炊饭

不知道这道料理算润饼皮还是春卷？我本来想用米皮做，后来发现用台湾的春卷皮也不错。为什么我写“台湾的春卷”？因为在日本，我们一般用四方形的皮，表面滑滑的，一个洞都没有，香港那边应该也是用这种的吧？我刚来台湾时一直找它，每次都只找到圆的这种，看起来很特别，但是我不习惯用它包东西……过了几周，我放弃找了，开始直接用台湾人使用的春卷皮做一些料理。嗯！口感不一样，但也很好吃。后来看到电视节目中有人（春卷达人）将面团粘在铁板上制作春卷皮，Wow！太神奇了！就是这样做！春卷达人示范得很酷，而且，看起来是非常合理的做法，我一直以为是用擀面杖做的。台湾饮食文化的新发现！ ^0^) / ～♪

不管怎样，这次我做了鳗鱼卷，有一点很特别，鳗鱼和起司的组合其实很搭配！很久以前，我吃过鳗鱼起司寿司卷，非常好吃！那么，这次我就用台湾春卷皮把鳗鱼、起司和黄瓜丝卷起来试试看！

ingredients

[材料]

- **鳗鱼**（煮熟）——**1/2包** eel (cooked)
- **春卷皮**（也可以用米皮代替）——**1张** spring roll sheet
- **黄瓜** cucumber——**1根**
- **起司** cream cheese——**60g**
- **蛋黄酱** mayonnaise——**2大匙**
- **黄芥末** mustard——**1大匙**
- **鱼（虾）卵** tobiko——**适量**

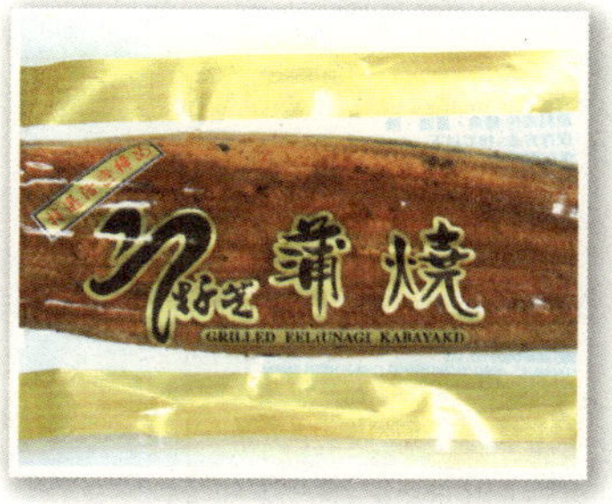

1 鳗鱼——我很爱吃，是我冰箱冷冻柜里常存放的食物！很好吃，做法也很简单。

如果没有真空包装的，可以用罐头代替。

2 台湾的春卷皮，很像墨西哥薄饼，但做法完全不一样！有机会，我想做做看！＼(>◇<)／

3 我想要很细的黄瓜丝，所以我用削皮器将其削成薄片。

4 削好片后切丝。

5 将蛋黄酱与黄芥末混合好。

6 在春卷皮上面均匀涂抹步骤5混合好的酱。

等会儿卷起来时，旁边很容易松开。尤其是皮的边缘要涂好。

7 春卷皮上面，按顺序放上黄瓜丝、起司、鳗鱼。

如果鳗鱼包装袋里有很多酱汁的话，也可以淋上去！

8 从旁边卷起来，再用很锋利的刀切成段，放在淋了步骤5的盘子中，点缀上鱼（虾）卵。

Miso flavored Alfred sauce with
Salmon spaghetti

北海道乡土风
鲑鱼味噌奶油酱意大利面

1人份

我做过好几次使用日本酱油的意大利面，这次我想介绍味噌口味的。如果直接用味噌炒的话，面会很咸，而且也会太干。把味噌和鲜奶油混合做成味噌奶油酱。它们合得来吗？当然！奶味会把味噌的咸味变温和，我还加了鲑鱼进去。大家都知道，鲑鱼和味噌很配的！

延伸菜单
《在厨房遇见MASA》P.94：快速干净好吃煎鲑鱼香菇酱

Ingredients

[材料]

- 意大利面 pasta——120g
- 鲑鱼 salmon——1片
- 奶油 butter——适量
- 菠菜 spinach——1/2把
- 蒜片 sliced garlic——5～6片
- 味噌 miso——1小匙
- 鲜奶油 whipping cream——100mL
- 海苔丝 shredded nori——少许
- 酱油 soy sauce——少许
- 盐 salt——适量

1 锅里加一点奶油，煎好鲑鱼。

为什么要先煎呢？因为鲑鱼有腥味，如果直接放生的鲑鱼，腥味太重，会影响食欲。

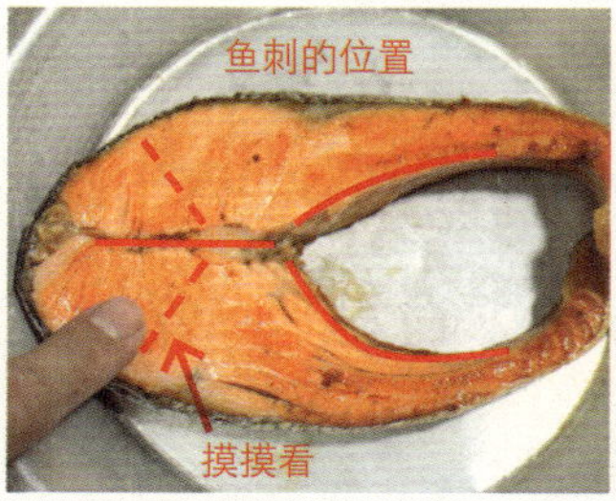

2 把鲑鱼撕成小片，记得去掉鱼刺。

3 开始煮面，在沸腾的水里加点盐（大约是水的1%），下意大利面的时候，把火关小一点，像图片里一样拧抹布似的拿面。

火太大的话，还没泡入水中的面会被火烧焦！

所有的意大利面，100g的面最好用1000mL以上的热水煮，1000mL的热水加1%的盐（10g），不要太多，也不要太少，稍微有一点咸味刚刚好，最后的调味是面在平底锅里跟酱混合时再调味！

4 把面放到锅里，使面呈放射状散开，这样面条就不会粘在一起了。

慢慢搅，让面全部进入锅里，再把火开大一点。

5 鲜奶油里加味噌一起搅拌，确认味噌完全溶化。

6 锅里加奶油、蒜片，把香味炒出来后，再加入菠菜拌炒一下。

7 放入步骤5调的鲜奶油味噌酱。

鲜奶油加热后就会变得浓稠，加一点水，以控制浓度。

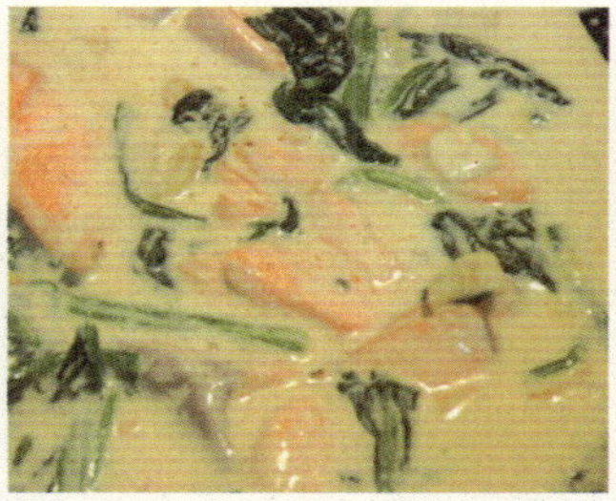

8 放入步骤2的鲑鱼。

9 把煮好的面放进去，拌一拌。如果味道不够咸，可以加一点酱油或盐，盛盘后撒上海苔丝。

生火腿和芦笋意式炖饭

2人份

“意式炖饭”是什么东西？很久以前我第一次看到这道料理，以为是外国人乱做的杂炊，既没有什么汤汁，米也没有全熟。后来发现这是正常的，只是煮法与我们东方人不一样。做意大利炖饭的时候，需要记住几个秘诀，来，一起看看怎么做！

Ingredients

[材料]

- 米（生的）rice——150g
- 水或高汤（水+鸡汤块）water or broth(chicken stock)——500～600mL
- 生火腿或培根——1～2片 prociutto or bacon
- 芦笋 asparagus——6根
- 奶油 butter——1/2大匙
- 洋葱 onion——1/2 个
- 橄榄油 olive oil——适量
- 白酒 white wine——3大匙
- 起司粉——适量 parmesan cheese
- 盐、胡椒粉——适量 salt & pepper

1 生火腿切片。没有生火腿，可用培根代替。

直接吃培根有一点咸，在涂上酸奶的面包上放一小片，或用哈密瓜卷起来吃，味道也很好。利用它的咸味做意大利面和比萨也不错！

2 芦笋先烫一下，切成合适大小；洋葱切丁。

3 先用奶油炒芦笋，加点盐，调好味道放在旁边。

意大利炖饭的材料，需要清楚地分开烹调，如果想让米吸收材料的味道，先把材料加进去，和米一起煮。如果想要保留材料脆脆的口感，就先调好味道，最后再加入材料。

如果想用海鲜类，我建议先用白酒煮熟备用，可以去掉腥味。只用刚煮好的海鲜汁和白酒加入米一起煮，最后加入已经煮熟的海鲜拌匀即可。

延伸菜单 《在厨房遇见MASA》P.52：充满妈妈味道的丰富野菜什锦饭

4 加橄榄油，把洋葱炒到呈透明状。

注意！“意式炖饭”是白色的料理，不要把洋葱炒得变成咖啡色！

5 放入生火腿或培根，继续炒到香味出来。

6 加入米（不用洗）。

为什么米不要洗？因为需留住米原本的风味。还有，先不要让它吸收水，预防米碎掉。

7 拌一拌，炒到米变成透明，油分完全包裹住米表面。

重要！米的表面有油分，就不容易碎掉，方便做“半熟”的口感。

8 火开大一点，加入白酒煮一下，让酒精蒸发。

9 加入200mL左右的水或高汤。摇一摇锅，等水变少，再加入水。重复这个步骤直到米半熟。

注意！一次不要加太多的水。因为需要保留米的口感，不要用汤匙搅拌太久，否则，米会变黏，口感不好。最好用不粘锅做这道料理。

10 米差不多“半熟”的样子。

500～600mL水是参考的量，根据自己喜欢的口感增减。觉得太干就多加点水。

11 把准备好的芦笋放进去，加盐、胡椒粉、起司粉、奶油，拌一拌，盛起装盘！

最后加入奶油，增加一种风味和亮色，加橄榄油也可以！

注意！不要太早加入奶油，太早加入它会变焦、变黑。“意式炖饭”有很多种，茄汁、海鲜、菇类、豆类，有机会我再介绍不同的口味！

Can't be any Feng-fu ER!!
Gorgeous Prawns creamed sauced briquette

丰富到不能再丰富的豪华鲜虾奶油可乐饼

20个

延伸菜单
《在厨房遇见MASA》P.144：省油！咖喱起司可乐饼

再过几天这一年就要结束了！太快了吧！还记得1999年跨年时，大家都很紧张，怕电脑系统会罢工，或者会大面积停电等。回想起来，那已经是十年以前的事了，虽然像在昨天（_ _;）……但不管怎样，就像我总是说的，日子还是要继续过下去^^；赶快想一想明年的理想，快乐过年吧！

这次，我想介绍日本的传统洋食料理“可乐饼”，步骤有很多种。我记得前一本食谱介绍过咖喱奶酪可乐饼，这次做奶油可乐饼，里面用到很多鲜虾！平常在外面吃的可乐饼，奶酱很多、虾很少。虽然菜单上写的是鲜虾可乐饼，但是要很努力找，才能在馅里面看到虾。自己做的，不用担心成本，用很多虾也不会像去外面餐厅吃花费那么多！做法不会很难，一起看看怎么做吧！^^

Ingredients

[材料]

鲜虾 prawns——300g
白酒 white wine——80mL
奶油 butter——适量
盐、黑胡椒粉——少许
salt & black pepper

[白酱]

面粉 flour——90g
奶油 butter——60g
牛奶 milk——600mL

[面衣]

面粉 flour——适量
鸡蛋 egg——适量
面包粉 bread crumbs——适量

1 做白酱。步骤参考《在厨房遇见MASA》P.18步骤1～6。

这次的白酱不一样，比较硬，因为等会儿要做成球形。

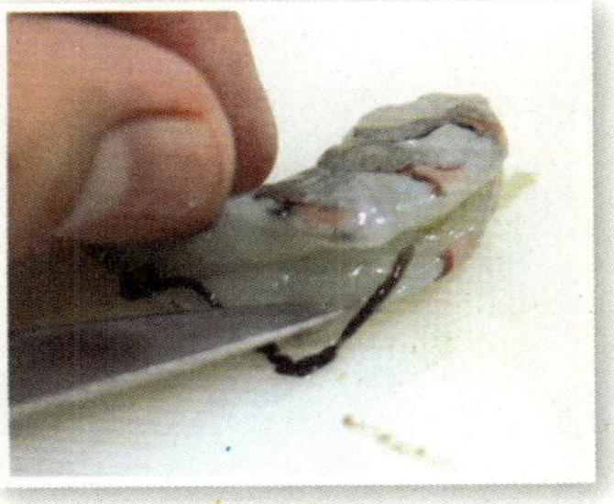

2 鲜虾背部切开，去除泥肠后，切成小块。

不要切太小，稍大一点会有脆脆的口感！^^

3 锅中放奶油，待其融化后，加入鲜虾。

4 鲜虾炒到变色后，加入白酒，煮至鲜虾熟。

不需要煮很久，虾很快就熟了。

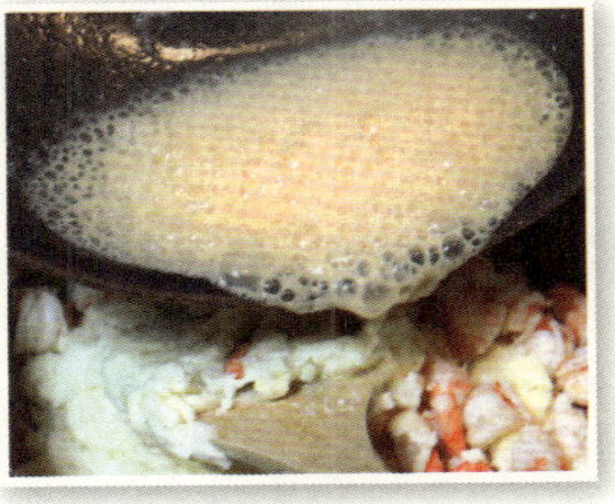

5 将步骤4连同汤汁加入白酱里面。

6 加些盐和黑胡椒粉。

受不了……我拿汤匙吃了一大口……（>▽<）太好吃了！

7 用汤匙挖，用两个汤匙做成球形。

形状不漂亮？不必担心！这个时候，形状大概一致就可以了。只要平均分配好，等一会儿再用手来修整形状！

8 排在盘子上，使其冷却。

9 将做面衣的东西准备好，排好顺序。

这个很重要，自己固定顺序，从哪里开始到哪里结束，不要跑来跑去，我习惯按照从左边到右边的顺序进行。

continue→

10 手上抹油，拿一个步骤8冷却好的馅料，弄成椭圆筒状。

就是传统的奶油可乐饼形状，这样的形状比较不容易破坏。^^如果，怕摸很久而使奶酱变软的话，先全部弄成椭圆筒后，放在冰箱凝固一下，再做下一个步骤！

11 沾上面粉，并把多余的粉拍打下去。

12 辅助漏勺放入蛋液中，同样不要包裹太多的蛋液。

13 放在面包粉里面，前后摇盒子，让它自己滚动沾上面包粉，再用手修整形状。

14 面衣装好了，先将它们放在冰箱里“休息”一下，让面衣固定。

刚沾好面衣，如果就马上炸的话，面衣很容易掉下来。

15 开始炸喽！油预热至180℃，用汤匙轻轻放入可乐饼，炸到变成金黄色。

记住，里面已经熟了，只需加热而已。

16 炸好后放在滤网上，沥掉多余的油分。

多炸一点，装在明天的便当盒里吧！（￣▽￣）V～♪

Ingredients

[材料]

冷冻乌龙面——1包
frozen udon

鸡腿肉——1/2片
chicken thigh

洋葱 onion——1/4个

香菇——1~2朵
shiitake mushrooom

葱 green onion——2棵

日式柴鱼酱油（浓缩2倍）
soba tsuyu——40mL

水 water——80mL

味霖 mirin——1/2大匙

盐 salt——适量

黑胡椒粉 black pepper——少许

Japanese Fried Udon

日式炒乌龙面

1人份

肚子很饿，想吃炒面，但是又不想吃的太油，要吃含有丰富蛋白质、纤维与适量碳水化合物的健康料理。到底有哪些符合这些条件的料理呢？炒乌龙面，就是它！不过，它是炒的，不是一般的乌龙面（有汤的）。炒乌龙面的步骤，不会使用很多油，看一下怎么做吧，很简单！

1 鸡腿肉切小块，洋葱、香菇切片，葱切段。

想减肥的话，鸡肉要去皮。

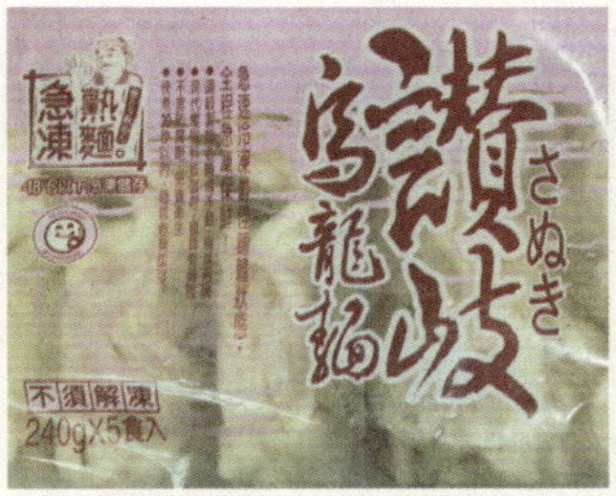

2 面乌龙面有冷冻的、干的与真空包装的，我觉得冷冻的面口感比较有弹性。

3 将鸡肉炒到金黄色，加入洋葱与香菇继续炒，一直炒到洋葱变成透明状。

4 放入冷冻乌龙面，加入日式柴鱼酱油和水，盖上锅盖，煮一会儿，让面吸收酱汁。

乌龙面不用先解冻，从冷冻库拿出来后直接放入即可。

5 面软后，打开盖子，加入葱段。试吃一下，甜味不太够的话，就加一点味霖，最后炒一下，撒上黑胡椒粉和盐，装盘。

延伸菜单
P.190：凉乌龙面

Knife-less, Real hand-made Kimchee & tuna fried rice

不用刀！手工简单韩式泡菜金枪鱼炒饭

1人份

做菜时有一件麻烦事，就是要洗洗涮涮。我虽然是一名厨师，但洗碗是一件很基本的工作，特别是当学徒时，一定要经过“洗碗工”时期。到后来我开始学做菜，还是习惯在家里一边煮菜一边洗东西，也尽量不要使用太多厨（餐）具。我以前工作过的法国料理餐厅主厨每次都跟我们说：“Work effectively（不要浪费自己的劳力）！”这个观念永远印在我脑子里。那么，这次我就实践这个观念，就当是介绍节省劳力的方法吧！因为没有用到刀，比较安全，小朋友也可以试试看，不过用火的时候，还是要小心哦！

Ingredients

[材料]

- 金枪鱼（罐头）——100g canned tuna
- 韩式泡菜 kimchee——100g
- 米饭 steamed rice——150g
- 鸡蛋 egg——1个
- 豆苗 pea sprout——20g

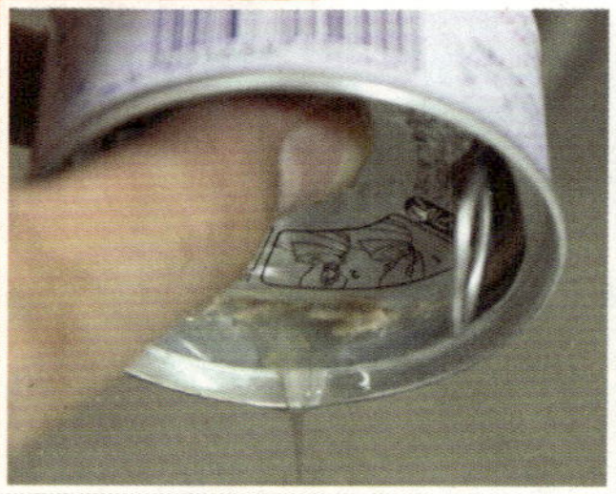

1 把金枪鱼罐头上的盖子全部切开，然后压下去，挤出油分。

也可以用水煮金枪鱼。

2 准备好其他材料。

3 韩式泡菜——如果你买的太大的话，好吧，让你用剪刀吧！

不算刀吧！

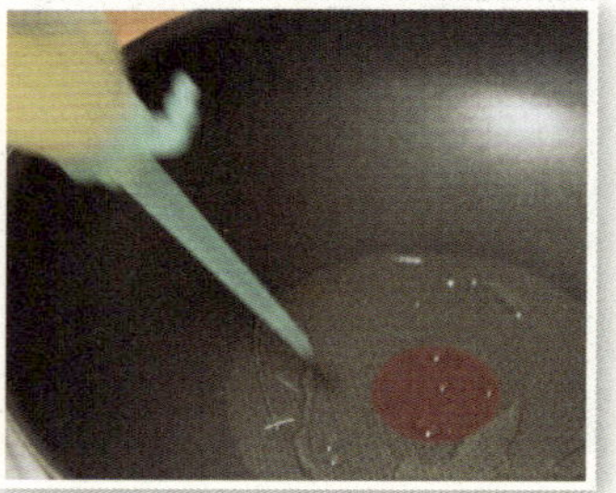

4 加入一点色拉油。

这种塑料挤瓶真的非常好用！不用倒太多油，也很干净！《在厨房遇见MASA》P.11页介绍了MASA的厨具（我不是厨具产品代言人哦！（*￣▽￣*））

延伸菜单
《在厨房遇见MASA》
P.51：高蛋白、低热量金枪鱼盖饭

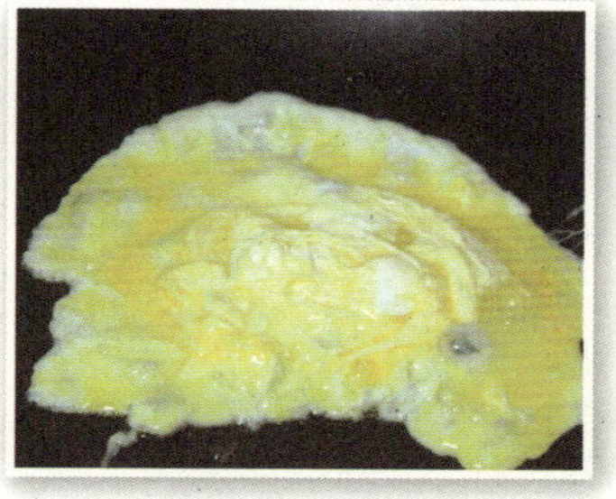

5 加入搅拌好的蛋液，让它吸收油分。

蛋液有海绵一样的效果，会吸收油分。

6 加入米饭。

7 搅拌好。

用汤匙稍微压一下鸡蛋，让它可以吸收油分，这样油分就会均匀地散开。

8 加入金枪鱼。

9 加入韩式泡菜。

10 搅拌至颜色看起来均匀就可以了。

11 最后，用手把豆苗撕开，放入锅里搅拌一下就大功告成了！

荷包蛋和香煎培根奶油笔尖面

1人份

菜名会不会有点长？每次设计菜单的时候，我觉得最困难的就是想菜名，不能用日文，也不能用英文，我没有那么多创意可以想出好的中文菜名。请大家原谅我……

我这次做的荷包蛋是英国的“温泉蛋”，蛋黄滑嫩嫩的。步骤很简单，但是，没做过的话，有一点不好做……我以前也做过，但是不大好看，因为蛋清在热水里很容易散开，加醋、用汤匙，还是不好做，这次我想介绍荷包蛋的简易步骤！

接着再做香煎培根奶油笔尖面，奶酱跟鸡蛋分开来做。这样才会好吃。

延伸菜单
《在厨房遇见MASA》
P.32：南瓜虾仁焗烤笔尖面

Ingredients

[荷包蛋]

鸡蛋 egg——1个
白醋 vinegar——2大匙
盐 salt——1小匙

[香煎培根奶油笔尖面]

笔尖面 penne——120g
奶油 butter——少许
培根 bacon——2～3片
四季豆 green beans——6～8根
鲜奶油 whipping cream——50mL
牛奶 milk——50mL
起司粉 parmesan cheese——2大匙
黑胡椒粉 black pepper——少许

1 水烧开后，加入白醋和盐。

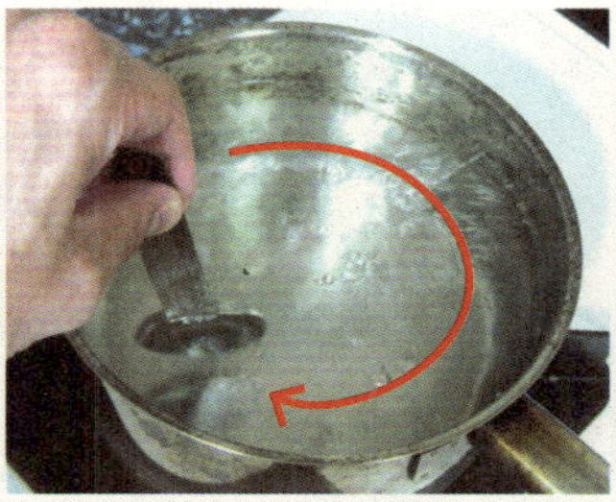

2 改用小火，用汤匙在锅里做“圆周运动”，在水里制造漩涡。

3 鸡蛋磕入小碗里，从漩涡中间轻轻倒进去。这时必须用中小火。

鸡蛋不要直接磕入锅里！万一蛋黄散开或蛋坏掉，水就得全部倒掉，重新烧开水。

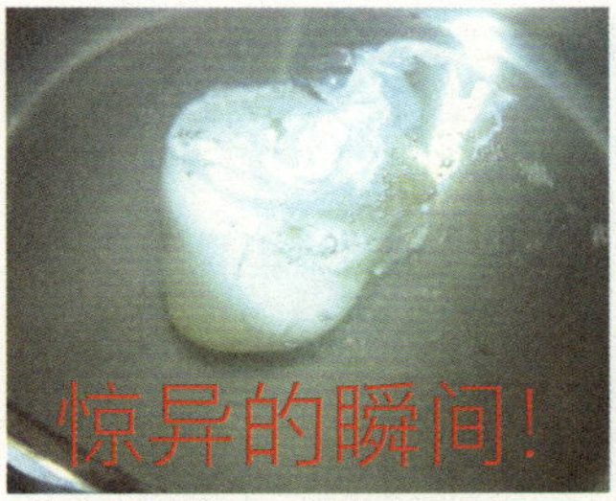

4 Watch closely（仔细瞧），发现什么了？它自己抱着蛋清！不需用汤匙捞散开的蛋清呢！

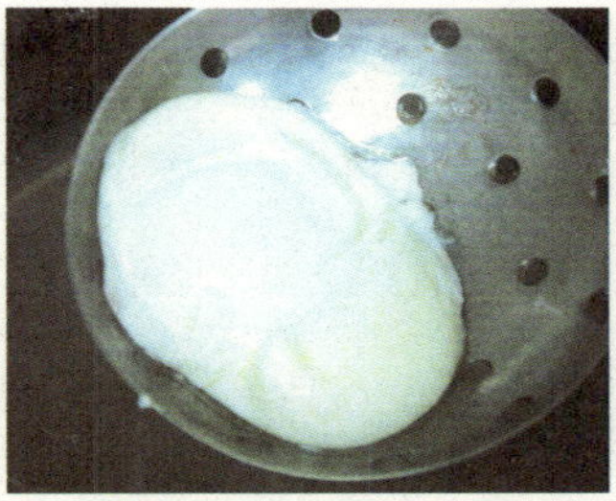

5 煮2～3分钟，或到自己喜欢的熟度，用漏勺把蛋捞出来，放在纸巾上吸干表面的水。

煮蛋时，会闻到醋的味道，别担心！放在纸巾上醋的味道就消失了！

6 水煮沸了，放入笔尖面，用汤匙搅拌一下，预防粘在一起。

所有的意大利面，100g的面最好用1000mL以上的热水煮。1000mL的热水加1%的盐（约10g），盐不要太多，也不要太少。稍微有咸味刚刚好，面在平底锅里跟酱混合时再调整味道！

7 加一点奶油，融化后再加培根，把培根炒到油分都出来。

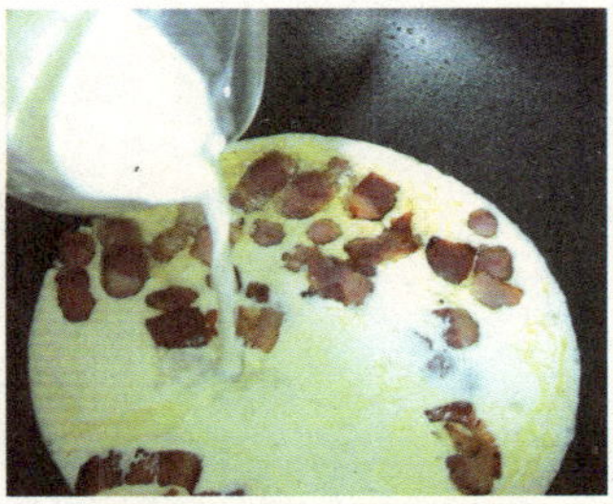

8 等培根香味都炒出来了，再加入牛奶和鲜奶油（牛奶和鲜奶油我用1:1的比例，你可以根据个人喜好进行调整）。

因为培根本身有油分，不需要加太多油，也可以用橄榄油代替。如果你住在方便买比较专业的“腌五花肉”的地方，可以用它试试看！

continue →

9 煮到稍微浓稠，熄火。

如果煮太久会太干，没关系！加一点煮面的水就可以了！

10 面快煮好时放入四季豆。

11 将四季豆、面一起捞出来，放入步骤9的酱里面。

12 加起司粉搅拌一下，撒入黑胡椒粉。

给小朋友吃，不用放黑胡椒粉也没关系，装盘上面，放荷包蛋。

其实，放温泉蛋也可以，温泉蛋做法参见P.204温泉蛋纳豆面。看你喜欢英式或日式的步骤。

料理知识：关于鸡蛋

1. 很多人（包括我）都觉得鸡蛋含有很多胆固醇，对健康不利，但鸡蛋含有优质蛋白质，还有维生素A及B族维生素，铁的含量也多。只要不要吃太多就好了！ ^^

2. 做茶碗蒸之类的鸡蛋料理，需准备混合好很滑的蛋液，这样蒸起来才会有滑嫩的口感。搅拌蛋的时候，有一个好方法！将筷子尖端沾一点水后，沾点盐，然后开始搅拌，这样蛋比较好抓！而且拌得比较快，也比较平均！像这种蒸蛋料理，最好不要让蛋液跑出泡泡。太多泡泡表示蒸后会有很多小孔，表示口感太粗（布丁也是一样）！把筷子尖端粘在碗底，就像一直刮碗底的样子搅拌，就不会跑出太多泡泡！

3. 如果要做松软的玉子烧，可以加入一点白砂糖。糖分有一种效果是，把蛋白质的凝固温度升高！所以煎蛋时不会太快熟、变硬！做布丁、卡士达酱也是利用这种原理。
*当然这关系到个人喜好的问题，有的食谱并没有加白砂糖，你可自行决定！

4. 煮鸡蛋时，一般从室温水（直接用水龙头的冷水）开始煮。因为这样蛋壳不容易裂。但是，万一破了怎么办？没关系！在水里加一点醋，万一蛋壳破了，由于醋的酸性作用，蛋清漏出来也会马上凝固，并保持蛋的形状！做荷包蛋就是利用醋的这种效果。

5. 鸡蛋可以冷冻吗？蛋清可以！做了好多个蛋挞或只用蛋黄做的点心时，将蛋清冷冻保存就好了！下次要做打发的蛋清时，将它自然解冻再打。但是，冷冻蛋黄时，记得加入20%以上的糖，不然它会结粒！

ingredients

[材料]

米饭 ——130g
steamed rice

方便面 ——1/2包
instant noodles

鸡蛋 egg——1个

酱油 ——1/2大匙
soy sauce

猪排酱 ——1大匙（牛排酱也可以）
tonkatsu sauce

蛋黄酱 mayonnaise——适量

海苔粉 ——少许
seaweed powder

葱花（空的）——少许
chopped green onion

Gourmet fried rice & noodles

立即可食！方便面炒饭

1人份

你听过“Junk Food（垃圾食物）”吗？方便面是。但是，我觉得这种东西偶尔还是要吃嘛！日本有一种料理就是将方便面跟米饭一起炒，是关西那边发明的。方便面和米饭都是碳水化合物，听起来怪怪的。那么味道呢？赞！它可不是垃圾食物，而是一道很美味的料理。

1 把方便面打碎，确认没有大块的。

2 锅里加油，再加蛋液搅拌一下后，放入米饭，蛋跟米饭混合拌好后，加入步骤1的碎面。

3 加入方便面的调味包（一点点就够了）、酱油、猪排酱，炒至香味出来，最后加葱花。

一般的方便面炒饭还要加煮了很久的牛筋跟魔芋，我这次做得比较简单，也较快速！对，它是垃圾食品！但是，我不要将它随便盛在盘子中，我要步骤式的装饰！

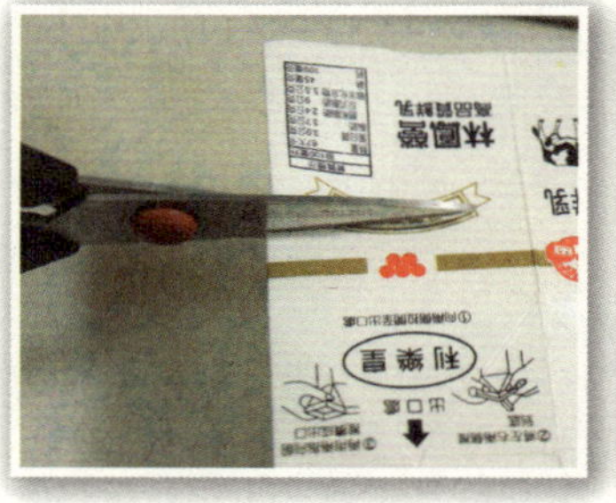

4 取洗干净的牛奶盒，剪下宽约5厘米的长条。

5 一边用筷子拉紧，另一只手旋直转起来，做成圆形。

6 将步骤3的方便面炒饭放入模型里面，淋一点猪排酱、蛋黄酱、海苔粉，法式方便面炒饭就完成了！这是一道法式、日式、中式合作的“国际型”料理。

延伸菜单

《在厨房遇见MASA》P.36：MASA的米汉堡

Q.I.D. (Quick! Inexpensive! Delicious!) Marinated pork-Don

很快！很便宜！很好吃！

猪肉烧肉盖饭

1人份

肚子饿，又懒得去买材料……冰箱里有半个洋葱，冷冻库里有之前买的梅花肉，还有包起来的米饭……那就做一道在日本具有很高人气的午餐——烧肉盖饭吧！

Ingredients

［材料］

梅花肉 sliced pork——**100g**

葱 green onion——**1/2棵**

米饭 rilc——**1碗**

香菜 carauay——**少许**

［味噌烧肉酱］

味噌 miso——**1小匙**

酱油 soy sauce——**1大匙**

味霖 mirin——**1大匙**

清酒 sake——**1大匙**

蒜泥 garlic paste——**1/2小匙**

姜泥 ginger paste——**1/2小匙**

请注意：
每种酱油的咸度不一样，参考包装上的调配比例调出自己喜欢的味道！

1 混合“味噌烧肉酱”的材料。

2 将葱白顺纹切开，除掉中间很细的部分，再切丝，切好后泡在凉水里。

3 将梅花肉放入步骤1中腌一下。

腌肉的酱很咸，下锅之前腌5分钟就够了，不需腌很久。

4 锅里加一点油，开大火，等到锅够烫时放入腌肉，把肉均匀摊开后就不要再搅拌了。

记住，你在做烧肉，不是炒肉，焦一点没关系，这样的肉才香！

5 肉稍焦后翻面。在米饭上面放一点绿色蔬菜，盛出烧肉放在上面，最后放上切好的葱丝和香菜。

延伸菜单
《在厨房遇见MASA》
P.178：简单！加速新陈代谢！韩日式丰富菜火锅

Ingredients

[材料]

- 意大利面 pasta——120g
- 蒜（切片）——1~2瓣 sliced garlic
- 培根 bacon——2片
- 洋葱 onion——1/4个
- 香菇——1朵 shiitake mushroom
- 蟹味菇——25g shimeji mushrooms
- 酱油 soy sauce——1大匙
- 奶油 butter——1~2小匙
- 蚝油——1/2小匙 hondashi
- 清酒 sake——1少许
- 盐 salt——少许
- 黑胡椒粉 black pepper——少许

Japanese style soy sauce based spaghetti

味道丰富！日式意大利面

1人份

意大利面料理有很多种，有加入番茄酱、奶油酱等不同口味的。这次我做不加酱料的，直接下锅炒就好了！当然热量比较低，做法也很简单。

1 煮意大利面。

2 培根、香菇、洋葱、茄子分别切小片，蟹味菇撕成小朵。

3 锅中加一点奶油，先炒培根和蒜片。

培根有油分，为什么还要加奶油？因为等一下要炒香菇、茄子，它们会吸收油分，多加一点奶油，味道才香。

当然也可以用橄榄油代替奶油，也可以加点辣椒！

4 加入香菇、洋葱、茄子、蟹味菇，继续炒至材料变色。

5 放入煮好的面，加入清酒、酱油、蚝油，盛放在盘子中，撒入盐和黑胡椒粉。

如果想吃甜味的话，也可以加味霖。

延伸菜单

P.76：日式口味！蒜香清酒蛤蜊意大利面

超特急！
鲑鱼蛋炒饭

1人份

肚子好饿……我想吃炒饭！在台湾，有很多卖很好吃的炒饭的饭馆，那就去买吧！等一下！我在冰箱里面找到腌好的鲑鱼，本来是早上要烤来吃的，用这个材料做炒饭也不错耶！很像我以前在中华料理店吃过的咸鱼炒饭。那我就来做超简单、超快的日式咸鱼炒饭，再配一碗味噌汤吧！

延伸菜单
P.18：豪华鲑鱼泡饭＋方便面

Ingredients

[材料]

鲑鱼 salmon——**1/2片**
鸡蛋 egg——**1个**
葱（切花） chopped green onion——**20克**
米饭 steamed rice——**1碗**
酱油 soy sauce——**1/2大匙**
蚝油 hondashi——**1/2大匙**
海苔丝 shredded seaweed——**适量**
盐 salt——**少许**

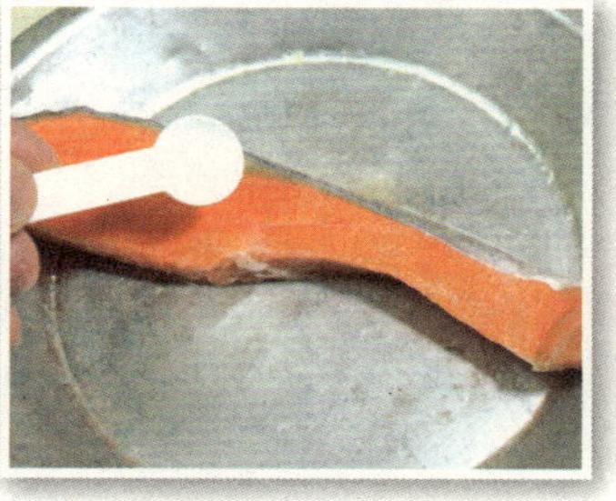

1 在鲑鱼上撒些盐。

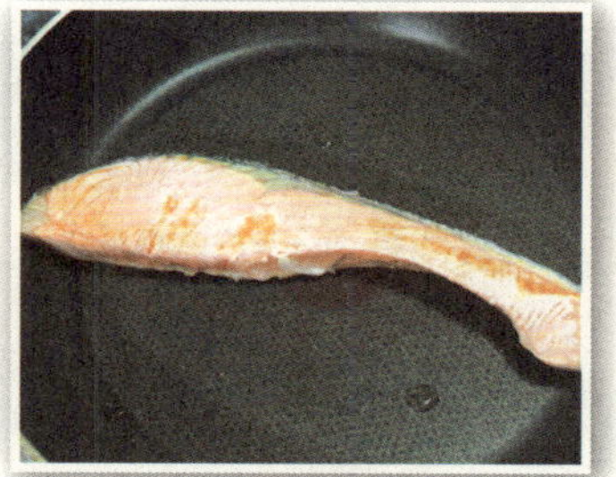

2 放入平底锅中，用中火煎熟。

3 把煎好的鱼去掉皮，分开鱼肉，剔掉鱼刺。

4 准备好葱花、鸡蛋、鱼肉。

5 锅中加油，加入蛋液，让蛋吸收油分。

蛋不用炒太久。

6 加入米饭搅拌好，压一下炒蛋，把里面的油分压出来。

这样才不会粘锅，让鸡蛋把米饭包起来。

7 放入鲑鱼、葱花。

8 加入酱油、蚝油，继续炒一下，装盘，撒上海苔丝。

韩式泡菜炒乌龙面

1人份

韩国有一道料理，叫泡菜炒面，我很爱吃。在台湾，没有机会去韩国料理餐厅，我一直想要吃他们的面，因为他们用的面很有弹力，很特别，不知道在哪儿可以买得到。还好，我有乌龙面，它也很有嚼劲（尤其是冷冻的），那……把日本和韩国的材料混搭起来做这道料理吧！

延伸菜单
P.212：芝麻辣味噌凉釜扬乌龙面

Ingredients

[材料]

冷冻乌龙面 frozen udon——1把
猪肉 sliced pork——80g
韩式泡菜 kimchee——80g
洋葱 onion——1/4个
香菇 shiitake mushroom——1朵
鱼板 kamaboko——1/4块
绿色蔬菜 green vegetable——适量

[乌龙面酱]

酱油 soy sauce——1大匙
味霖 mirin——1大匙
蚝油 eondashi——1/2小匙
水 water——80mL

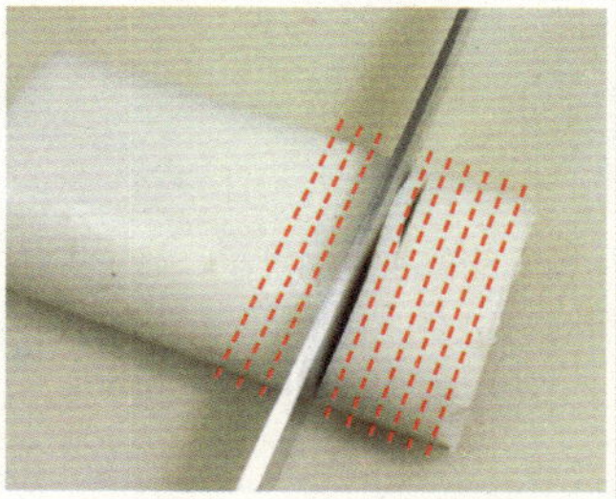

1 大公开！简单的切鱼板方法！鱼板粘在木板上，先不要分开，切薄片。

如果，先把鱼板和木板分开，切薄片的时候，每片会粘在刀上面，不好切。

2 再用刀从侧边切进去。

3 把已切成薄片的鱼板再成切丝。

4 洋葱、香菇切片；猪肉、绿色蔬菜、韩式泡菜切成容易吃的大小。

5 调好“乌龙面酱”。

6 先炒猪肉，再放入洋葱、香菇、鱼板丝，炒到洋葱变透明。

洋葱炒到变透明。

7 加入韩式泡菜、冷冻乌龙面及“乌龙面酱”。

8 盖上盖，中火煮至面开始散开。

9 面都散开了，开大火，加入绿色蔬菜炒一下。

如果锅底还有很多水的话，可以炒久一点。

Easy Colorful Mini wonton pizza

简单快速！
多彩口味迷你比萨

8片

延伸菜单

P.194：迷你韩式泡菜锅巴比萨

啤酒买回家，想要配一点下酒的菜，那么就来做自制比萨喽！先准备比萨皮——适量材料、搅拌、发酵、揉成圆形……想到过程，再看看时钟，已经很晚了。放弃了……刚好，在冰箱冷冻室找到馄饨皮，就用馄饨皮来做一道迷你比萨吧！薄皮烤的很快，脆脆的口感，因为馄饨皮没有普通比萨皮那么厚，可以做成很多层的、很多种口味的。小朋友也一定会喜欢！

Ingredients

[材料]

馄饨皮 wonton sheets——8张
比萨起司 pizza cheese——80g
番茄酱 ketchup——2小匙
橄榄油 olive oil——少许
圣女果 mini tomato——2个
洋葱 onion——1/4个
培根 bacon——2片
罗勒 basil——2片

蟹肉（假的蟹味棒）crabmeat cake——2个
韩式泡菜 kimchee——40g
南瓜 pumpkin——6片
海苔丝 shredded seaweed——少许

1 在锡箔纸上涂橄榄油。

预防黏焦，油多一点没有关系，皮下面会变脆。

2 馄饨皮排在锡箔纸上。

图片上的都是在砧板上面做的，后来我发现，放很多材料后不好转移到别的地方。

3 涂抹番茄酱。

不需用比萨酱吗？如果家里有的话，当然可以用！其实，用普通的番茄酱，再放上丰富的佐料……味道差不多！

4 放上一层比萨起司。

5 我先做原味的。依次放上圣女果、培根、洋葱、罗勒，最后再放一点比萨起司。

6 海鲜比萨——蟹肉。

7 韩式比萨——韩式泡菜。

韩式泡菜有很多水，先挤出来多余的水分，再放在起司上。

烤好后再把罗勒放在上面也可以。

没有什么需要特别准备的！就看你冰箱里还有什么可以吃的就都拿出来吧！

8 南瓜比萨。将南瓜切薄片，先微波加热或烫一下，再放在起司上，加上一点培根。

9 放进烤箱（200℃左右），烤到起司融化，变成金黄色就好了。

10 对折起来吃，我觉得好像意式手卷寿司的样子。(*￣▽￣*)

皮的中间还是会有一点软。因为馄饨皮很薄，没有办法吸收材料流出来的水。你也可以用饺子皮来做！

Secret technique! Must have item for lunch box.
Japanese style Deep fried chicken

炸鸡鲜嫩多汁的秘密大发现!
便当必备菜"唐扬炸鸡"

4人份

"大人小人男女"(大人、小孩、男生、女生的意思)我相信大家(应该吧……)都喜欢吃"唐扬"(Kara Age，炸鸡)吧！这是一道非常好的料理，不仅可以当成主菜，也可以变成下酒菜，放在便当里也非常适合！凉的热的都很好吃！步骤也不麻烦。只要记得几个秘诀，你也可以做出很好吃的日式炸鸡!

Ingredients

[材料]

鸡腿肉 chicken thigh——400~500g
鸡蛋 egg——1个
淀粉 starch——适量

[唐扬腌酱]

酱油 soy sauce——2大匙
味霖 mirin——1小匙
柠檬汁或醋 lemon juice or vinegar——1/2小匙
蒜末 garlic paste——1/4小匙
姜末 ginger paste——1/4小匙
清酒或水 sake or water——2大匙
鸡蛋 egg——1个
淀粉 potato starch——适量

1 鸡腿肉切成小块（4～5cm）。

2 将"唐扬腌酱"的材料混合好。

清酒暂时不要加入。

3 切好的鸡肉放入搅拌好的"唐扬腌酱"中，腌约半小时。

4 在等腌肉的时候，可以先准备面衣材料：把蛋液搅拌好，将淀粉倒在大一点的盘子上。

做"唐扬"时，一般用淀粉，但也有人用面粉或淀粉与面粉的混合粉，看你的习惯。

用淀粉炸比较不容易变黑。

延伸菜单
P.123：酱油渍炸鸡的雪里红炒饭便当

5 腌好的鸡肉在炸之前，加入清酒或水拌好。

6 先沾蛋液，拿出来让它滴除多余的蛋液。

7 放在淀粉里，均匀沾好淀粉以后，拍打掉多余的淀粉。

为什么要加水？因为腌肉的时候盐分（腌酱）浸透进去，炸之前加入一点水带回水水的质感，炸完之后口感比较丰富！

8 将步骤7沾好粉的鸡肉放入预热好（175～180℃）的油锅里，炸1.5～2分钟后捞出来，放在漏勺中，让它“休息”。

为什么要让它“休息”？因为鸡肉放入油锅炸的时候，鸡肉的温度会很快升高，温度太高继续炸的话，肉汁会全部跑出来，口感就会太干。

一次不要放入太多肉！温度不准。

9 “休息”4～5分钟。

在休息的时候，它自己会利用余温继续加热，这样温度不会太高，肉汁也不会跑出来！

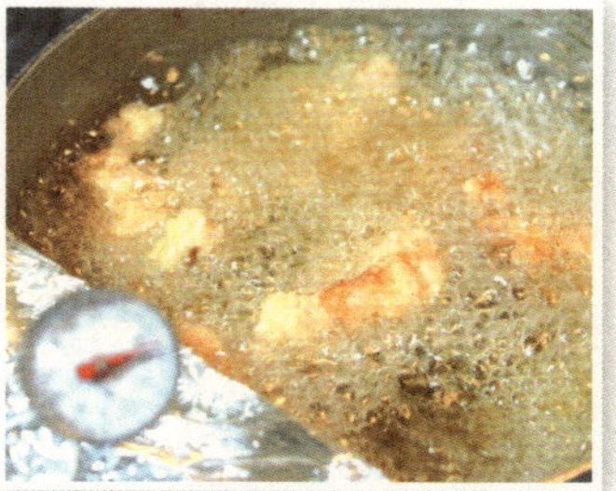

10 将鸡肉放回油锅里继续炸（175～180℃）至变成金黄色（40～50秒）。

鸡肉已经差不多熟了，让外面变得脆脆的就可以了！

肉已经入味了，不用沾酱，直接吃就可以！

也可以多炸点，冷却后放在冰箱里，隔天可以当便当菜！

不需再加热，直接装在便当盒，等到中午已经变为常温，就可以吃了！

意外简单！沙锅煮米饭

3杯份

冷冷冷……这么冷，沙锅出场的机会比较多吧！沙锅，我们平常都用来做火锅，在汤底加入肉、海鲜、菜一起煮，然后沾酱吃。但沙锅其实是非常优秀的锅具，除了火锅，还可以做出多种料理。这次我来试做米饭。一开始，我觉得沙锅很难用，因为用煤气炉的火直接煮饭，需要控制好火候；否则，不是水水的还没熟的口感，就是烧焦了会全部粘在锅底。反正，自己找找看有什么资料可以参考一下，开始研究，结果呢？我对沙锅的看法完全改变！它非常好用，既简单又快又好吃！

我想我太小看沙锅了！让我们看看怎么跟它一起做出佳肴。

Ingredients

［材料］

米 rice——3杯

水 water——3杯＋1/4杯

延伸菜单

P.24：生火腿和芦笋意式炖饭

1 洗米，第一次加入的水是要冲掉米的糠味，所以加入水后，搅拌一下就要马上倒掉。之后，用手轻轻搅拌（不要太用力！米会碎掉），加入水冲一冲，换一两次水就可以了。

米最能吸收水，第一次加入的水，最不要让它吸收（因为有糠味），动作要快一点！换水不需要弄到水变完全透明。换太多次水，米本身的淀粉质会开始释放出来。

2 放在网子里沥水，让它“休息”半小时左右。

不用泡水？在已经量好的水里面泡也可以。但是，这次要用沙锅，不是电饭煲……沙锅里面没有刻度，不知道要加多少水。我建议先把水完全倒掉，然后再加入量好的水！

3 休息好的米放入沙锅里面。

4 按正常比例加水，可多加一点水。

5 盖好沙锅盖。开中火，等到它开始煮沸。

我用 MUJI（无印良品）的沙锅。它们似乎很好用！

6 开始煮沸了！看仔细，但别靠太近！发现什么了？盖子上的水洞开始溢水！

7 盖子的边上开始冒水泡！

8 把火调到最小，继续煮5分钟。等5分钟到了，把火转最大，10秒之后，熄火。再让它焖20分钟。

9 时间到了，打开盖子看看。饭真的煮好了耶！而且，它们都有稍微站起来的样子！

如果想要做有“おこげ”（Okoge，锅巴）的米饭的话，盖子盖好后，再开大火煮2～3分钟。

Well，that's it!（好了，成功了!)就是这么简单！不需要特别的高技术、技巧、经验，只要用计时器，就可以做这么好吃的米饭！可以试试看。

10 如果你家的沙锅太小的话，怕煤气炉的火太大，可以先放烤肉的网子再放沙锅。

确认沙锅在网子上是稳定的。

沙锅，大的小的我都试过，加热、焖的时间都一样。不过，你家用的煤气炉、沙锅跟我用的不一定是一模一样的。有的可能还需要稍微调整时间哦！

如果煮太多，吃不完，没关系！冷冻起来就好了！冷冻米饭请参考《在厨房遇见MASA》P.36步骤1～8。

Must have Ramen Garnish item Marinated boiled egg

拉面必备美味！“煮玉子”

6个

大家都喜欢拉面，我平常吃拉面时会另外加点“煮玉子”（Ni-tamago），我特别喜欢半熟的煮腌蛋，蛋切开时，里面的蛋黄流出来，样子很迷人。写这篇文章时，肚子已经开始咕噜咕噜叫了。煮到蛋刚好的熟度，蛋的颜色也腌得刚刚好的样子，控制好煮的时间，腌制的时间恰到好处需要很高的技术。“煮玉子”的步骤其实有很多种，每个人的步骤不同，我用淡一点的腌酱让蛋慢慢入味，享受它入味的过程。自己煮方便面，放一个“煮玉子”，再放几张海苔片，哇，已经有拉面店的水平了！

Ingredients

[材料]

鸡蛋 egg——6个
酱油 soy sauce——100mL
味霖 mirin——100mL
水 water——200mL
清酒 sake——100mL
姜末 ginger paste——1/2小匙
蒜泥 garlic paste——1/2小匙

1 把鸡蛋从冰箱里拿出来放到室温的状态。

2 把酱油、味霖、水、清酒全部倒入锅里面。

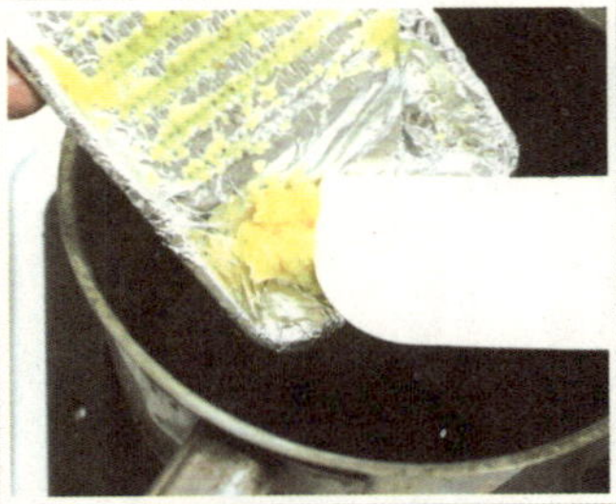

3 加入姜末、蒜泥。

磨泥板上面贴一张铝箔纸，很好用！

4 开火，让酒精蒸发后熄火。

5 冷却后，用保鲜膜盖好放入冰箱。

与煮蛋的温度有关，冰的腌酱比较好入味。

延伸菜单 《在厨房遇见MASA》P.122：习惯后简单！自制日式玉子烧

6 锅里装水，轻轻放入鸡蛋，开火。

7 水开始煮之后，计时器按3分钟。

8 煮蛋时要稍微搅拌一下。

为什么要搅拌？这样蛋黄才会在蛋的中间！

9 鸡蛋煮好后，用凉水冷却一下。

10 然后，剥掉全部的蛋壳。

11 把鸡蛋放入密封的袋子里，再倒入腌酱，然后放入冰箱中开始腌渍。

因为，我想要把每个鸡蛋浸在腌酱里，但没有找到大小刚好的碗，所以用袋子装！如果放在碗里的话，在腌酱上面直接贴一张保鲜膜就行。

12 大概腌了5天，嗯，颜色差不多了！

因为腌酱不是很咸，可以慢慢腌，看你个人喜欢的程度再吃！

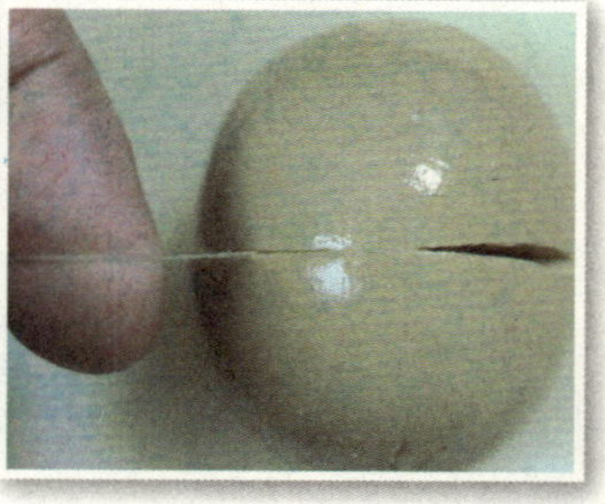

13 终于腌好了！如果想要漂亮的表面，就用线切，可以放在你最喜欢的方便面上面！哇！好高级呢！

Japanese teaches Chinese how to cook
Chinese food- Japanese style Ma-Bo Tofu

“日式”麻婆豆腐

4人份

我很爱吃传统的麻婆豆腐，日本有“麻婆盖饭”，高中时，常常在周末下课后去吃，后来在餐厅打工，虽然有员工伙食，还是会先吃东西再上班！我觉得这道料理已经是日本家庭的家常菜了，自己也做过好几次，我做的不会很辣，是味道很温和的麻婆豆腐。这次，我介绍的麻婆豆腐没有用到辣椒，味道比较温和，小朋友也可以享受！步骤不会很复杂，看看你想要做什么样的麻婆豆腐！中式？日式？总之，让你的肚子告诉你！

Ingredients

[材料]

- 猪绞肉 ground meat——100g
- 嫩豆腐 silk tofu——1盒
- 秀珍菇——1/2包 oyster mushrooms
- 香菇——1～2朵 shiitake mushrooms
- 金针菇——1/2包 enoki mushrooms
- 葱 green onion——1根
- 水淀粉——适量 starch+water
- 盐、黑胡椒粉——少许 salt & black pepper
- 海苔片 nori——适量

[调味料]

- 水 water——300mL
- 蚝油 hondashi——1/2小匙
- 味霖 mirin——2大匙
- 砂糖 sugar——2小匙
- 酱油 soy sauce——3大匙

1 香菇切片。

2 金针菇切段，秀珍菇用手撕小片。

3 嫩豆腐切成方形。

4 葱先切丝。

延伸菜单 《在厨房遇见MASA》P.176：简单！好喝！百菇味噌汤

5 然后，再横切，哇！很细！

6 猪绞肉放入预热好的平底锅中炒。

7 加一点盐和黑胡椒粉后，再加葱末。

8 然后放入菇类，继续炒。

9 倒入调好的“调味料”。

10 轻轻加入切好的豆腐，煮一下，让豆腐中的水跑出来。

11 最后，加入水淀粉（淀粉：水=1：1）拌一下。

看看自己喜欢的稠度调整分量！

拌的时候不要把豆腐搅碎哦！轻轻拌就好了！

12 等到完全烧开，再继续煮到表面呈透明的、亮亮的样子后熄火，装盘后撒上葱花和海苔片。

让下巴和肚子运动一下——牛蒡脆脆沙拉

2人份

我做过好几次牛蒡料理。以前我没有发现牛蒡可以做那么多种料理，一直以为只能做成煮物料理。每次都买了很长的一根用不完，一直放在冰箱里。后来跟它好好相处，发现它可以变化成很多料理！不一定只是吃热的，还可以吃凉的，做成沙拉更是非常意外的美味！留着它原来的样子，不要削掉太多皮，也不要煮太久，享受它的营养、口感与风味……说到口感，现代人吃了太多软的东西，有时候，也应该吃些硬一点的东西，让下巴运动一下，训练下巴的肌肉！另外，牛蒡含有很多粗纤维，对肠胃很有好处。

延伸菜单

P.170：纤维之王牛蒡汤

Ingredients

[材料]

- 牛蒡 burdock root——100g
- 胡萝卜 garrot——50g
- 蛋黄酱 mayonnaise——3大匙
- 味霖 mirin——2小匙
- 酱油 soy sauce——1大匙
- 白芝麻粉——1大匙 ground white sesame
- 盐 salt——少许

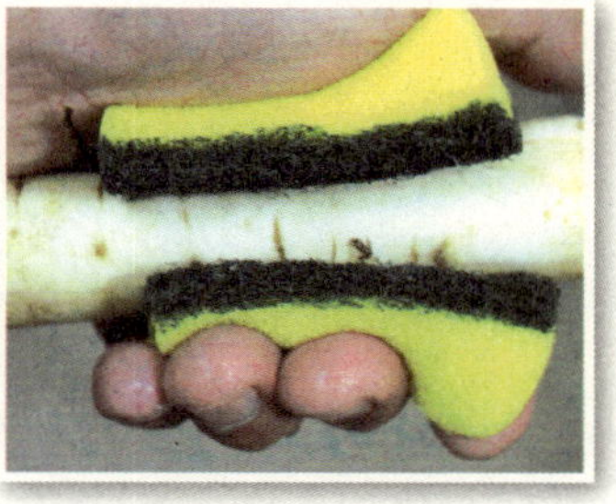

1 清除牛蒡表面的薄皮。

因为皮下的营养成分最多，所以皮最好不要削得太厚!

2 先切薄片。

3 再切丝，泡水，预防变色。

4 胡萝卜也切丝。

5 将切丝的牛蒡焯一下，看你自己喜欢的口感再决定要煮多久。

我个人喜欢脆脆的口感，所以我焯牛蒡丝的时间很短。

6 焯好后，放在网子里去掉水，并让它冷却。

不要泡凉水！因为要做成沙拉，材料泡水会吸收水，等一会儿放入酱类就很容易出水!

7 胡萝卜丝也是一样，焯到喜欢的熟度。

8 加入蛋黄酱、味霖、酱油、盐和白芝麻粉。

9 最后用筷子拌一下，拌匀后再装盘。

创意叭哩叭哩

辣味豆腐沙拉

4~6人份

这次我想做豆腐沙拉，豆腐本身软软的，味道也很淡，是非常低调的食物。我个人平常都配味道比较重的东西一起吃，觉得刚刚好的样子……做沙拉时，也比较喜欢较重的口味。那么，我来做一种辣的口味，想到这道菜的时候，人在加拿大，去了中国系的超市，那边可以买到超多种的辣酱！选了一种辣豆瓣酱！开始调沙拉酱。其实我并不是那么能吃辣的人，但有时候很想吃一点点辣的食物，当然我会调成较温和的口味。加了蛋黄酱之后，味道变得很浓郁，非常搭配的组合！然后想到把它装在用春卷皮做的壳里面，春卷皮用油炸后，不只有Pari Pari（脆脆的）口感，而且味道很香！后来到了台湾，刚好收到很甜的美丽芒果，为何不把它们组合在一起，看看会怎么样呢？变成非常丰富的沙拉，很有南岛风味哦！

延伸菜单

P.202：豆腐起司沙拉和意式芥末酱

Ingredients

[材料]

- **嫩豆腐** silk tofu——**1盒**
- **生菜** lettuce——**1个**
- **京水菜** potherb mustard——**1~2把**
- **综合海藻**（干燥）——**适量**
- **芒果**（不加也可以）mango——**1个**
- **春卷皮** spring roll sheet——**4~6张**

[辣味噌蛋黄酱沙拉酱]

- **蛋黄酱** mayonnaise——**3大匙**
- **豆瓣酱** spicy bean sauce——**2小匙**
- **白味噌**（甘口）white sweet miso——**2小匙**
- **酱油** soy sauce——**1小匙**
- **味霖** mirin——**1大匙**
- **白砂糖** sugar——**1小匙**
- **油葱酥** crispy fried shallot——**2小匙**

1 我买的时候先看英文名字，确认是不是我要的豆瓣酱，嗯，我想应该是它。

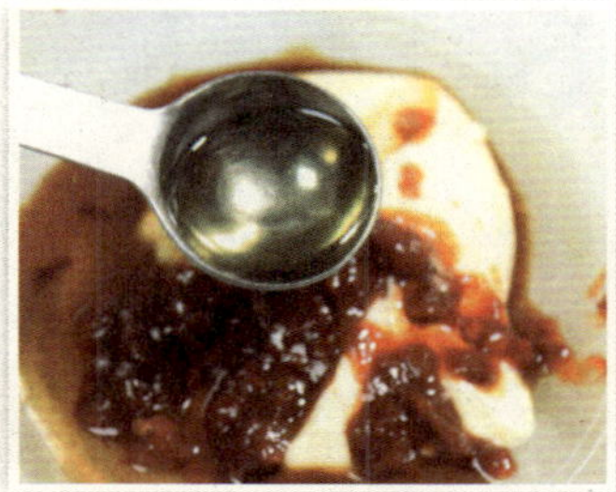

2 先混合“辣味噌蛋黄酱沙拉酱”的材料。

味道可以自己调整哦！

3 加入白味噌，如果没有，用普通的也可以，只要再调整甜味的部分，多加一点白砂糖或味霖！

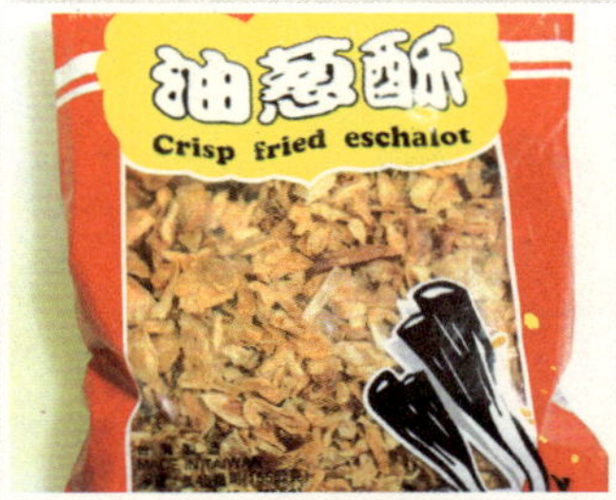

4 为了增加一种香味，我加了油葱酥。

其他的香味，炸蒜也很好！

5 油葱酥放入食物调理机中磨成粉，放入步骤3的沙拉酱中。

可以多做一点，放入冰箱冷藏保存（3～4周）。

6 台湾春卷皮，我把它当做盘子来用！

7 准备一个空罐头。

8 油加热（约160℃）后放入春卷皮。

9 用夹子夹住罐头，把春卷皮压下去，等10秒左右让春卷皮定型。

罐头会烫！油也会溅！一定要用夹子哦！（><;)//

continue→

10 移开罐头，把春卷皮翻面，继续炸到呈金黄色即可，拿出来放在纸巾上吸收油分。

11 京水菜和生菜洗好，撕成容易吃的大小。

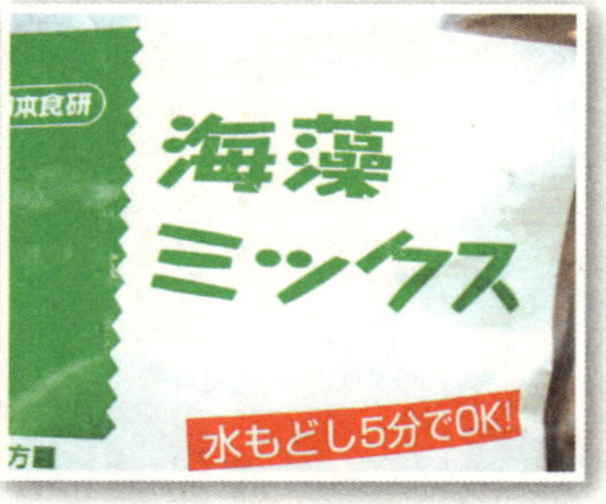

12 干燥的综合海藻，在日式超市可以买到。

如果买不到，用普通的干燥海苔芽也行！

13 把海藻放入加了冰块的矿泉水里。

不要泡太久，它会一直吸收水而变得太软且黏黏的。

14 豆腐切成方形。

或用汤匙直接挖取装盘，这样看起来比较像手工豆腐的样子！

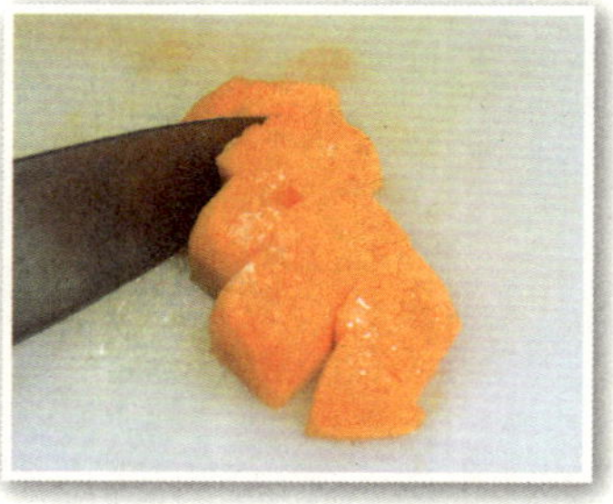

15 芒果切成跟豆腐一样大小，春卷皮里装入综合海藻、京水菜、生菜、豆腐、芒果与辣味噌蛋黄酱沙拉酱。

Kyoto cuisine-BBQ Miso-marinated Black cod
Spaghetti with Tuna & Bacon Tomato Sauce
Sauteed Scallops & Asparaguses with Oriental Salsa sauce
Miso-marinated Tuna Bruschette with Edamame Puree
Soy sauce & Plum marinated Snapper Sashimi-Don
Japanese Style Capellini with Ebiko topping
"Supposed to be"Low cal. Spaghetti with Prawns
Fresh Spring roll with chicken breast filling
Sake steamed Clams Spaghetti
Pork & Mizuna Hari-Hari hot pot with Sesame Miso dipping
Mango & Crab meat Sushi Tropical style
Shrimp Avocado Temaki-Sushi
Mushi(Steamed) cuisine-Cabbage lasagna & Mushroom Conzee
Lots of nutritious! Tuna & Japanese Yam-Don
Prawn tails sushi in MASA'S Style
Soba flour Crape with Bacon egg
Tuna Sushi tower with Pine nuts Miso sauce
Salmon & Ikura Konyaku Congee
Saba Mackerel cooked in GingerMiso sauce
House blend Rice sprinkles/Furikake
Miso-marinated Snapper salad
Crispy Noodle Pizza with seaweed & fish

Kyoto cuisine-BBQ Miso-marinated Black cod

4片

京都料理——烤西京渍鳕鱼

鱼的吃法有很多种，BBQ（烧烤）是一种非常普通的料理法。只要撒点盐，放入烤箱里，烤时不需要另外制作酱料，放在网子上烤，油分会滴下去，既简单，又健康。这次我想介绍一种比较特别的烤鱼方法，先用味噌腌渍鱼。会不会咸呢？不一定！因为味噌有很多种：白的、红的、混合的、东北地方的、关西地方的……这次我用京都地方的味噌，叫“西京味噌”来腌鳕鱼，这种味噌一般不会很咸，稍带一点甜味。不仅可做成味噌汤，也可以做成酱类或用来腌东西。方法很简单，学会这种做法，以后不只可以用来腌鱼类，也可以腌很多东西！

Ingredients

[材料]

鳕鱼 black cod——**4片**
（也可以用其他的白身鱼或鲑鱼）

清酒 sake——**3大匙**

西京味噌 saikyo miso——**300g**
（有的牌子会叫“京风味噌”）

***如果没有西京味噌，可以用以下材料代替**

清酒 sake——**1～2大匙**

普通白味噌——**300g**
regular white miso

味霖 mirin——**3大匙**

1 鳕鱼先处理好大小后，撒上一些盐，再放置约半小时。

让鱼本身的水释放出来，去掉腥味后比较好入味。

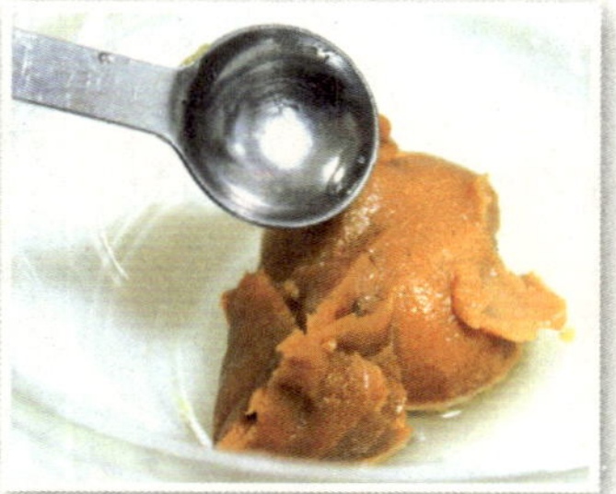

2 西京味噌放在碗里。加入清酒，把味噌调稀一点。

因为味噌太硬的话，等一下不好处理。

3 时间到了，用纸巾擦掉鱼肉表面的水分。

延伸菜单

P.146：味噌腌煎鲑鱼、凉拌芝麻味噌四季豆和海苔蛋卷便当

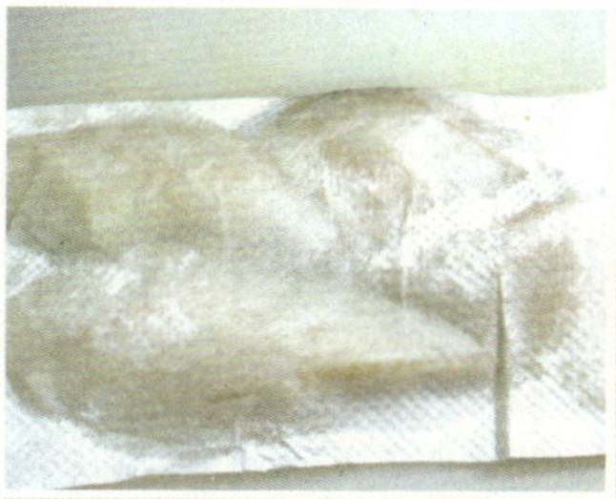

4 用纸巾把鱼片全身包起来。

5 纸上面（一面）平均涂上调好的味噌。

6 涂好的面向下，放在袋子里或保鲜膜上面，再涂另外一面。

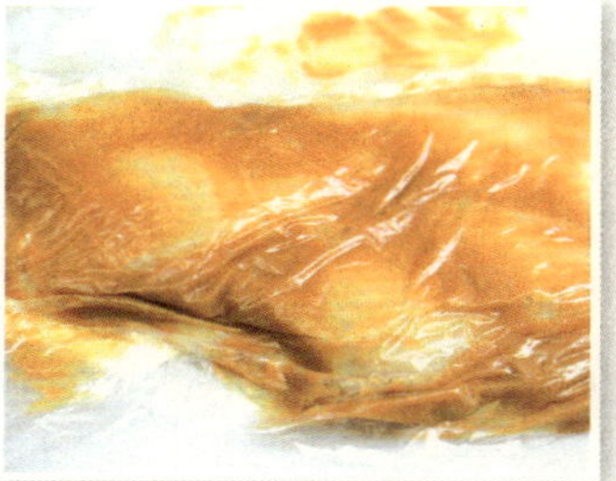

7 用袋子或保鲜膜把鱼片包起来，放在冰箱冷藏1～2个晚上。

原本是用保鲜盒腌鱼，但是这样味噌用得很多，有一点浪费的感觉，重点是，鱼肉表面接触到味噌就好了，所以我用这个法子，可以省很多味噌吧！

8 腌好的鱼拿出来，把纸拿掉。

表面颜色变成这样子，表示腌的时间已经够了。腌的时间要看鱼片的厚度，越厚腌的时间越久！

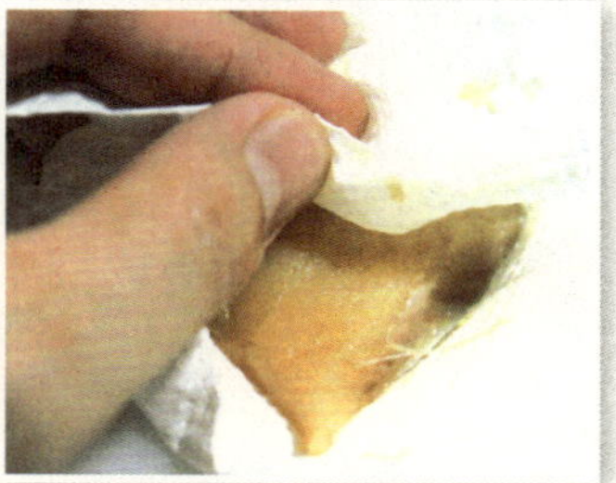

9 擦掉表面的味噌。

因为用纸巾包起来，鱼的表面比较好处理，味噌很容易焦掉，已经入味了就可以擦掉。

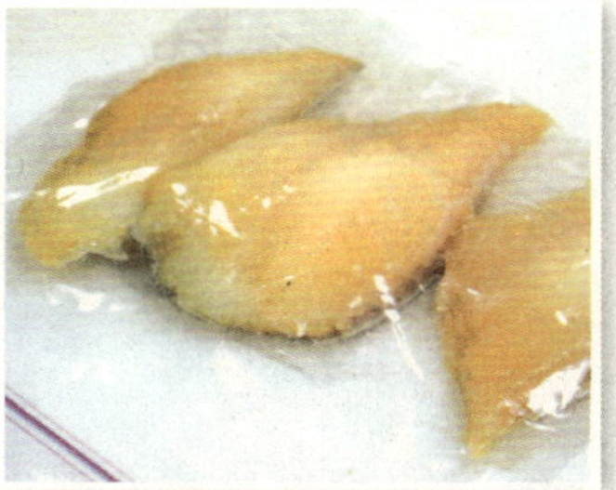

10 多腌一点，可以放在密封袋里冷冻起来，下次可以直接拿来用。

它非常适合用来做便当菜！凉着吃也很好吃！

11 放进预热好的烤箱（约170℃），烤到熟（10分钟左右）。

Spaghetti with Tuna & Bacon
Tomato Sauce

1人份

DHA、蛋白质丰富的金枪鱼培根意大利面

我家里常备有金枪鱼罐头，它很好用，可做成三明治、沙拉、意大利面或比萨，而且金枪鱼营养丰富，有DHA（二十二碳六烯酸）、蛋白质与很少的脂肪。金枪鱼、培根与番茄，它们三个是好朋友，混在一起吃很搭配。用这种组合，也可以做成比萨饼。这次，我用自制茄汁酱来做一道意大利面。

Ingredients

[材料]

- 自制茄汁酱——150g
- 金枪鱼罐头（水煮）——80g canned tuna(oil free)
- 培根 bacon——2片
- 洋葱 onion——1/4个
- 西兰花（切片）——5～6朵 broccolies
- 盐、胡椒粉——适量 salt & blackpepper

[自制茄汁酱]

- 番茄罐头——400g canned tomato
- 洋葱（切丁） onion——1/2个
- 蒜（切碎）garlic——2～3瓣
- 橄榄油 oliue oil——适量

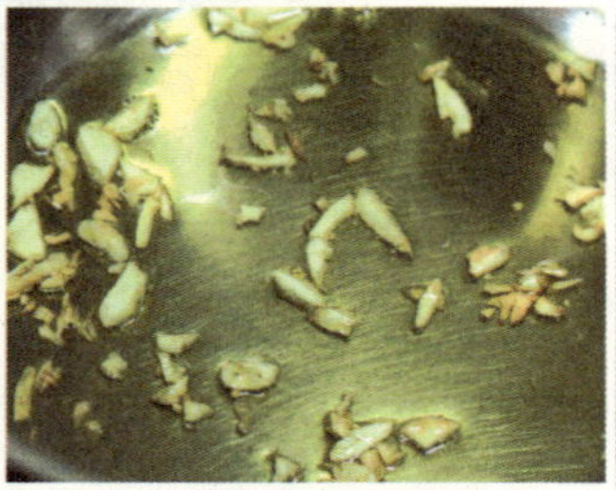

1 制作自制茄汁酱。锅里同时加入橄榄油、蒜碎，开中火慢慢爆香蒜碎。

橄榄油不要先加热，否则加入蒜碎时会马上焦掉！

2 加入洋葱丁，炒到透明。

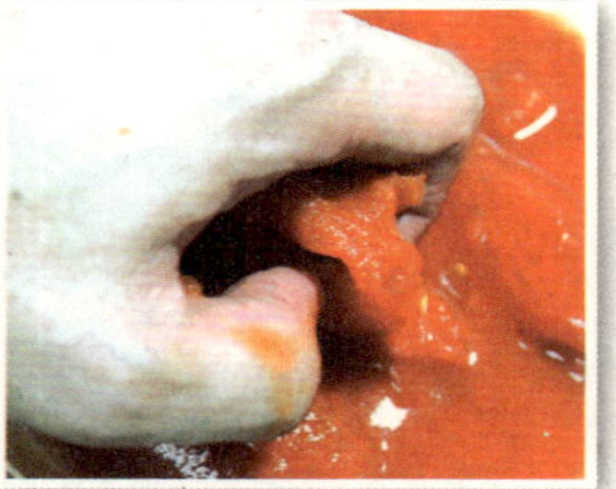

3 把罐头番茄倒出来，在盆里用手打碎。

4 打碎的番茄泥和番茄汁全部放入步骤2的洋葱里，用小火煮0.5～1小时。

如果水不够，再加些水。

延伸菜单 P.32：荷包蛋和香煎培根奶油笔尖面

5 多煮一些，放凉后，放入密封袋子里冷冻保存。

6 煮意大利面。参见P.23步骤3～4。

7 把金枪鱼罐头的盖子压好，倒掉水分。

8 锅中放入切片的培根与洋葱，把洋葱炒到透明。

9 加入自制茄汁酱，用小火煮，把食材的味道煮出来。

如果变得太干，加一点水，如果味道太酸，可以加一点番茄酱。

10 意大利面快要煮好了，放入西兰花，一起煮一下!

11 煮好的面、西兰花、金枪鱼放入步骤9中拌一拌。

金枪鱼加入后不要拌太多次，否则鱼肉都会散开不见！(*_*)

12 加入盐、胡椒粉调味，如果太干，再加些煮面的水。

Sauteed Scallops & Asparaguses with Oriental Salsa sauce

2人份

煎干贝、芦笋与简单酱油莎莎酱

中午非常饿，要吃什么呢？刚好冰箱的冷冻室里有一点干贝，拿出来解冻。干贝块还蛮大的，煎一下保持它的形状，刚好用它做成主菜。可以配干贝的酱有很多种。最近天气开始变热，我想做口感单纯、味道比较轻爽的日式莎莎酱。为什么是“日式”口味？因为，我在橄榄油里面加了酱油、紫苏叶。味道呢？一级棒！橄榄油与酱油的意外组合其实非常搭配！熟悉我的读者应该发现我常用这种组合。这种酱真的很好用，可以搭配很多种食物！然后我用“芦笋”来做配菜，它脆脆的口感与干贝非常搭配，虽然看起来像法国料理，但味道却有日式的感觉。就来做一道“日式法国料理”吧！

延伸菜单

《在厨房遇见MASA》P.116：简单美丽！双色鱼球沙拉和新鲜香草番茄酱

Ingredients

[材料]

干贝 scallops——12个
芦笋 asparagus——6～8支
土豆 potato——1个
白酒 white wine——1～2大匙
奶油 butter——适量
盐、黑胡椒粉——适时
salt & black pepper

[日式莎莎酱]

番茄 tomato——1/2个
洋葱 onion——1/4个
紫苏叶 oba——2～3片
*可以用香菜、罗勒代替。
酱油 soy sauce——3大匙
橄榄油——2大匙
extra virgin olive oil
柠檬汁——1/2个
fresh lemon juice

1 我用冷冻的干贝。冷冻的很好用，要用多少直接拿出来解冻就可以了。

有些牌子的干贝表面有“亮油”加工。我建议先冷冻，再洗一洗，让它自然解冻。

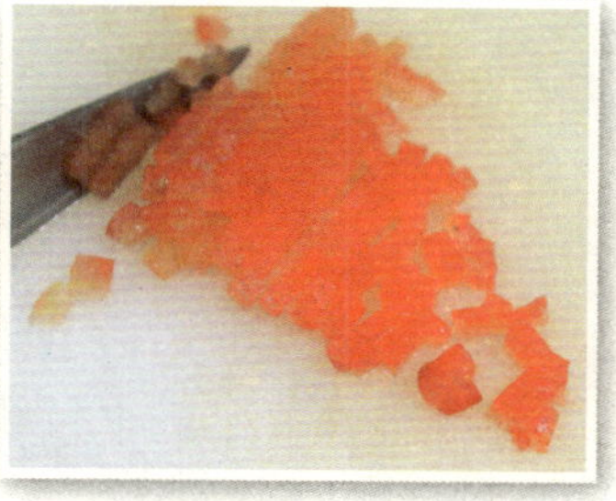

2 先准备酱料。将番茄切成小丁，这在法文叫“concasser”，意思是“番茄肉丁”。

3 洋葱切末泡一下水，可以去掉洋葱的呛味。

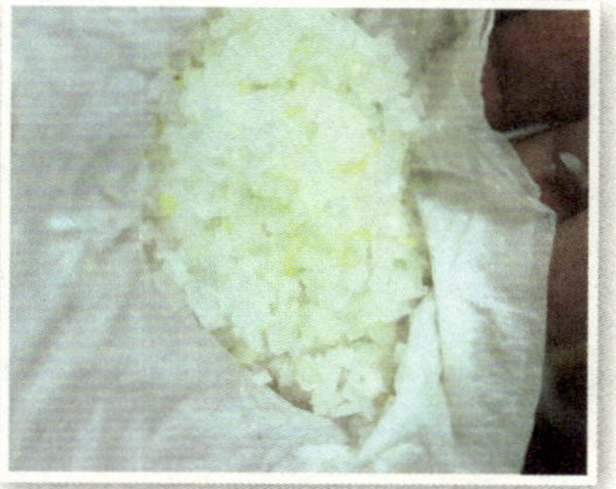

4 然后用布或纸巾包起来，挤出多余的水分。

5 紫苏叶切末。

6 将酱油、橄榄油、柠檬汁放在碗里面，再加入切好的番茄、洋葱、紫苏叶。

混合好后尝一下味道，如果不够咸，再加一点盐，也可以加黑胡椒粉。

7 这次我想把重点放在土豆上，用削皮器将土豆削成很薄的片。

把筷子插进土豆再削会比较好削，而且手比较安全!

8 为防土豆变色，将其泡在水里面。

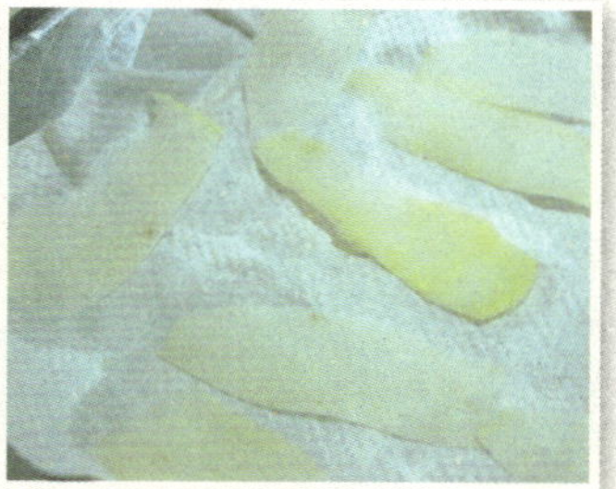

9 然后放在纸巾上面，擦掉水分。

continue→

10 平底锅加入一点油，用小火慢慢煎土豆片。

11 煎至呈金黄色时取出，再放在纸巾上，吸收油分。

因为我想要做成一个比较漂亮的摆盘，所以多做一个步骤，变成非常吸引人的装饰！

12 芦笋茎表皮下面的部分纤维比较多，用削皮器削掉。

13 焯一下。

14 最后，让我们来完成主菜！在干贝上撒一点盐和黑胡椒粉。锅里加入一点奶油，用中火煎干贝。

15 翻面后加入白酒。干贝很快就熟了，继续煎1～2分钟。

若没有白酒，用清酒、米酒也可以，再不济，用水也行！

16 干贝快煎好了，再放入焯好的芦笋，一起煎一下，然后，把芦笋切好装盘，上面放干贝、土豆脆片，淋上日式莎莎酱。

Miso-marinated Tuna Bruschette with Edamame Puree

4片

味噌渍两种金枪鱼——普切挞和毛豆泥酱

延伸菜单

P.87：营养丰富！金枪鱼山药盖饭

台湾每年都有食品展，我以前逛过几次，里面有很多很多丰富的食材，当然也有很多可以免费品尝的食材！不光收集食材资料，也可以享受商品呢！这次我有机会跟高雄海洋局合作，参加了台北国际食品展“超低温金枪鱼”的活动。超低温？没错！它是－50℃的金枪鱼！在那么冷（冰）的地方冷冻起来，一定要那么（超）低温吗？

因为金枪鱼是肉质非常细的鱼，很容易变色，味道很容易变化。－50℃是超低温度，在这种状况下，金枪鱼里面的蛋白质酶分解，脂肪的酸化大都会停止，当然微生物的繁殖也会停止，这样可以保留它的鲜度！看看“超低温金枪鱼”的网站上有详细的介绍！重点是，它非常新鲜，打开包装，解冻后，金枪鱼的颜色、口感、风味，都可以打满分！没想到这么简单就可以吃到新鲜的金枪鱼！我研究的时候就受不了，吃了好几片，当然直接吃是享受金枪鱼的最好方式。但是，如果有机会可以做一些含“刺身”或“寿司”的食品，可以参考这道料理！

我用了西洋料理的手指食物风格做创意金枪鱼料理，国外有一种料理叫“什锦面包”，把东西放在法国面包切片上面吃，我用这个创意做了“MASA的金枪鱼什锦面包”，下面特别用了酥酥脆脆的酥派皮，铺了毛豆泥酱，然后是用味噌、酱油腌的金枪鱼。听起来有一点怪怪的，但是，吃一口，就感觉像在天堂！

Ingredients

[材料]

金枪鱼（生食用）——2片
tuna(sashimi grade)

冷冻酥皮 pastry sheet——4片

毛豆（煮熟）——60～70g
edamame(cooked)

牛奶 milk 2～3大匙

盐 salt——少许

蛋黄酱 mayonaise——适量

葱（切花）green onion——少许

白芝麻 white sesame——少许

蒜 garlic——1～2瓣

洋葱 onion——1/8个

紫苏叶 oba——1片

[味增腌酱]

味噌 miso——2小匙

酱油 soy sauce——50mL

味霖 mirin——2小匙

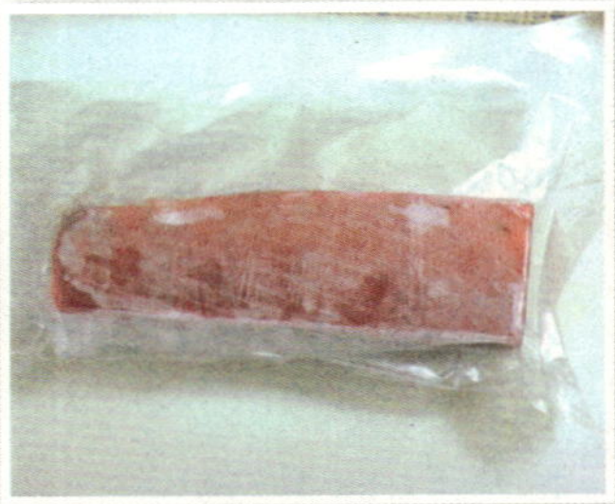

1 它就是“超低温”的金枪鱼！包装得很好，里面一点空气都没有，在真空环境下腐败的速度很慢，后来用“超低温金枪鱼”的方式解冻。

2 其实，这么新鲜的金枪鱼直接吃最好吃！

所以，如果你已经吃腻了以下介绍的食谱，可以参考这个想法。

3 做“味噌腌酱”。酱油、味噌、味霖混合调好。

比例可以自己调整哦！

我介绍过几种腌酱，你可以选想要的口味！如金枪鱼盖饭、鲷鱼盖饭。

4 冷冻酥皮先移到冷藏室慢慢解冻。

直接使用冷冻的酥派皮会出现裂缝，表面也会变得水水的。

5 解冻好以后，切1/4酥皮放在烘焙纸或铝箔纸上。

我建议不要把酥皮一整包拿出来！只要拿出来要用的量，不然它们会很快粘在一起，以后不好用。

6 放入烤箱（上、下火均为200℃）烤到呈金黄色（8～10分钟）。

时间不一定，如果时间到了颜色还不够就继续烤。

7 烤好的派非常香、非常脆！放在架子上冷却。

8 将煮熟的毛豆放入果汁机，加入牛奶，打成泥。

如果还太干，再多加一点牛奶。也可以用高汤或水代替牛奶。

9 打好以后，加入盐调味。

因为是装饰配料的关系，不要太咸哦！

10 蒜切薄片，用一点点色拉油炸至呈金黄色。

11 洋葱切薄片泡水，紫苏叶切丝，混合好。

没有紫苏叶可以用罗勒或香菜代替。

12 终于要腌金枪鱼了！金枪鱼切小丁，放入味噌腌酱里，腌约5分钟就够了。

腌太久鱼肉会变硬，要小心！如果是腌了一整块之后再切的话，可以腌久一点。

这次用两种切法——一种切丁，一种切片，如果切片的话，只能逆纹切哦！

13 另外一片用平底锅（不加油）煎一下表面。

另外一种方式是，用纱布把鱼包起来，再淋热水，日文都叫"霜降り"，指表面稍微熟的样子，很香！

14 将派切开，下面装金枪鱼，其实用下面或上面都一样。

因为派太厚的话，口感太干，会影响到上面的装饰配料。

15 组合A：派、毛豆泥、腌金枪鱼、蛋黄酱、蒜片、葱花。

组合B：派、毛豆泥、煎金枪鱼、味噌腌酱、洋葱片、紫苏叶。

料理知识：生鱼片怎么切？

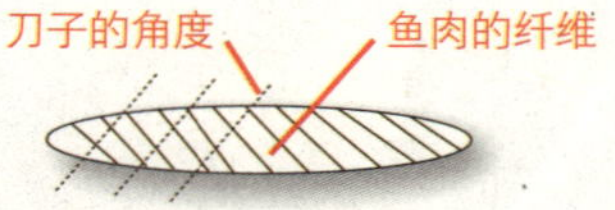

Q：生鱼片怎么切？
A：鱼肉要逆纤维切。

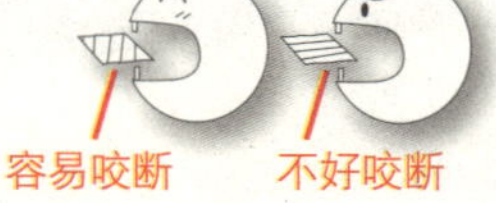

Q：为什么，口感比较好吗？
A：咀嚼时会比较容易咬断。

Soy sauce & Plum marinated
Snapper Sashimi-Don

午餐定食！腌渍鲷鱼盖饭

1人份

寿司有一个调理法叫“腌渍”，是一种将腌生鱼片放在醋饭上面的“握寿司”。在家里也可以用这种方法腌鱼。这次我用比较便宜、容易买得到的冷冻鲷鱼片，做出盖饭料理！用比较少的米饭（碳水化合物）和多一点的鱼及鸡蛋（蛋白质），就是简单的低热食品！

延伸菜单
P.104：亚细亚风味噌渍鲷鱼琥珀沙拉

Ingredients

［材料］

鲷鱼（生食用）tai/snapper——1/2包
*可用金枪鱼或鲣鱼代替。

蛋皮 egg sheet——1张
海苔丝 shredded seaweed——少许
葱（切花）green onion——少许
白芝麻 white sesame——少许

［腌酱］

酱油 soy sauce——150mL
味霖 mirin——100mL
清酒 sake——100mL
海带 konbu——1片（5cm）
梅子（不加也可以）pickled plum——1个

1 制作蛋皮，切丝。步骤参见P190步骤1～3。

2 清酒、味霖放进锅里，煮到大约剩一半的量。

不要加酱油！只要煮清酒和味霖，把酒精蒸发掉，留下酒跟味霖的风味。

3 海带剪小片，用抹布擦一下。

千万不要洗！海带表面上白白的东西就是Uma-mi（甘露醇）。

4 在步骤2煮好的汤汁里加入酱油，再让它滚一下。

5 先熄火，再加入海带，冷却后，放在冰箱。

如果没有海带，可以用干香菇代替。煮海带会煮出杂味、黏液，所以不需要煮，用低温慢慢地释放出风味。

我加了梅子，多一种微酸味，如果害怕鱼的腥味，可以加姜。加韩国辣椒也不错！

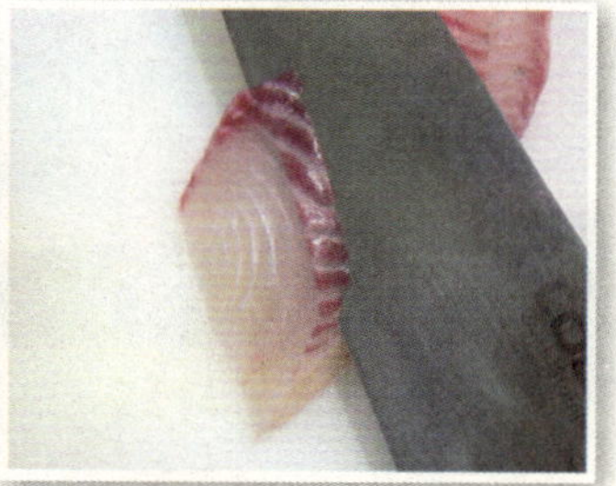

6 鱼切斜薄片。

要切逆纹，口感比较好。请参考P67。

7 把切好的鱼片放入腌酱里，腌约10分钟。

鱼片很薄不需要腌太久。

8 在碗里放米饭、蛋皮丝、腌好的鱼片。撒一点葱花、白芝麻、海苔丝，淋一点腌酱，或旁边放一小盘，里面加入一点腌酱和芥末酱。

如果是米饭，你可以做成“醋饭”，请参考P.83步骤1～3。

Japanese Style Capellini with Ebiko topping

1人份

日式虾卵凉细面

夏天了，要吃凉面喽！我已经吃过太多的“普通类型”的细凉面，今天我要做新创意的。有一种意大利面叫“Capellini（天使细面）”，是很细的面，英文叫“Angel hair pasta（天使细面）”，我想用它来做意式凉面。平常都用番茄或青酱，这次我用日本的“そうめん”（日式细面）来做这道料理！虾卵跟凉面很搭，加上用黄瓜做酱汁，多了一种水果的清爽味。我曾做过几道用酱油加橄榄油的料理，它们是一种很好的组合，而且不油腻。这种面的热量比重口味的面少了许多，所以可叫做减肥料理吧！步骤很简单，它也可以当成饭前菜……来！一起试试看！

延伸菜单
P.72：低热！健康！快速！鲜虾意大利面

Ingredients

［材料］

日式细面——1把
japanese noodles

虾卵或鲑鱼卵或番茄——1大匙
tobiko or ikura or tomato

紫苏或罗勒叶 oba or basil——2片

黄瓜 cucumber——1根

橄榄油 olive oil——1/2大匙

水 water——1大匙

橄榄油 olive oil——1大匙

柴鱼酱油（酱油露）——1大匙
soba tsuyu

盐、胡椒粉——适量
salt & pepper

1 我买的日式细面。当然你可以用荞麦面或正式的意大利面。

2 细面煮好后马上过凉水。

3 橄榄油、柴鱼酱油混合，比例我用1：1，看看你自己的喜好吧。

4 黄瓜切小块，放入果汁机。

也可以用磨泥板。

5 将黄瓜打成泥。

6 加一点橄榄油、盐、胡椒粉调味。

7 冷却好的面捞出来，加入步骤3的酱汁拌一拌，让面入味。

8 将步骤7准备好的面，用叉子卷起来做成几座“山”，上面放步骤6的黄瓜泥，放上虾卵或鲑鱼卵或番茄，淋上步骤3剩下的酱汁，再撒上切丝的紫苏或罗勒叶。

我尽量少用热量高的食材，但是，我没有仔细计算过热量，有可能还没到很认真减肥的朋友们所需要的那样低热，我只想要介绍一些可以参考的意见！

"Supposed to be" Low cal. Spaghetti with Prawns

1人份

低热!健康!快速!
鲜虾意大利面

意大利面有很多种，我介绍过几种。这次我想做一道Simple Pasta(简易款意大利面)，不要准备很多东西，也不要花很多时间。突然想吃，但不要太重的味道。像这种面也可以当做早餐，吃意大利面，喝浓咖啡——非常意大利的感觉嘛!

延伸菜单
P.70：日式虾卵凉细面

Ingredients

[材料]

- **意大利面** pasta——120g
- **鲜虾**（有头的）——6只 prawns
- **蒜碎**——2～3瓣 chopped garlic
- **橄榄油** olive oil——2～3大匙
- **白酒** white wine——60mL
- **盐、黑胡椒粉**——各适量 salt & black pepper
- **意大利欧芹**——适量 italian parsley
- **韭黄** chives——适量

1 去掉鲜虾的头，虾头要保留。

不要丢掉！等一下用它做酱！

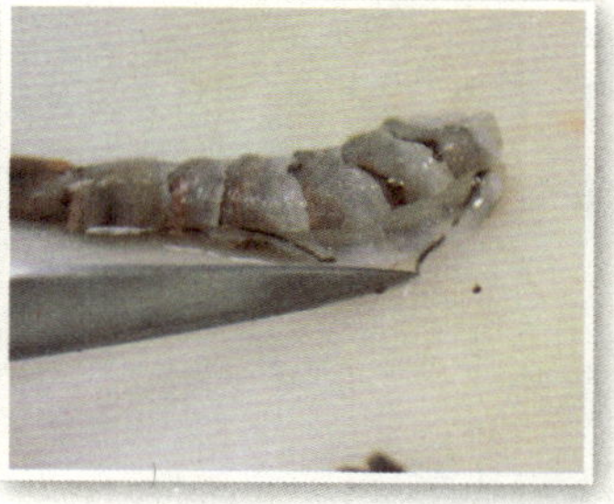

2 切开虾的背部，如果有泥肠，要挑掉并冲洗干净。

3 开始煮面。步骤参考P.23步骤3～4。

4 先放橄榄油及蒜碎，再开火，慢慢升高油的温度。

不要先加热油，这样会让蒜碎烧焦。

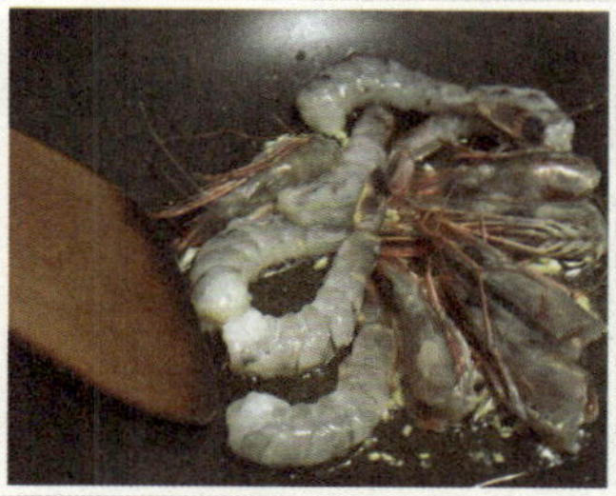

5 爆香后，放入鲜虾，继续炒到壳变红。

现在锅已很热，要小心看蒜碎的状况。

6 鲜虾都变红了，倒入白酒。

如果没有白酒，清酒或米酒也可！加入酒类时要小心，有些酒的酒精浓度较高，容易着火，可以先关掉火再加酒。

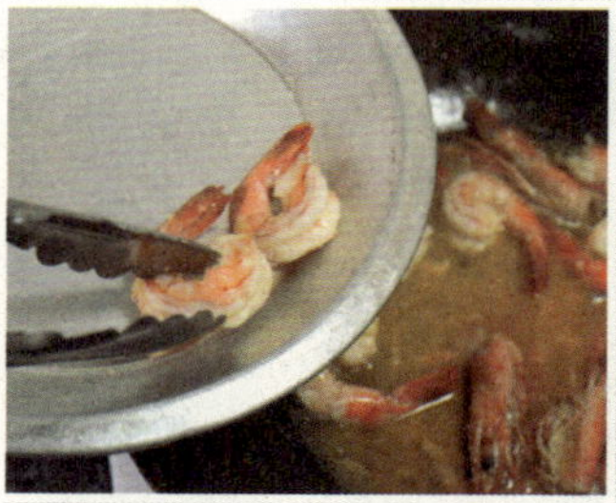

7 把鲜虾拿出来，继续煮，用汤匙打碎虾头壳，以便获得虾头的味道。

鲜虾煮太久会变硬，所以要先取出来。

8 面煮好了！放进锅里。

9 将意大利欧芹、韭黄切末，拌入面里，哦！太香了！加入盐、黑胡椒粉调味。

Fresh Spring roll with chicken breast filling

低热亚细亚风生春卷沙拉

1人份

减肥食谱有很多，沙拉应该是最典型的低热菜吧！但是已经吃腻，不想再吃沙拉而想吃其他东西。那我就介绍一种特别的材料，它叫米皮（有的包装上是写越南春卷皮），就是用米做的皮。用米皮把肉跟菜一起包起来，你需要的营养都在其中。肉表示蛋白质；菜表示纤维质；米皮表示碳水化合物。然后再配一种热口味的酱——既健康又简单的沙拉卷，让我们一起做吧！

Ingredients

[材料]

米皮——**1～2张**
spring roll paper or rice paper

鸡胸肉——**60g**
chicken breast

生菜——**2～3叶**
romaine lettuce

胡萝卜 carrot——**30g**

[芝麻味噌沙拉酱]

白芝麻——**2大匙**
white sesame powder

生白芝麻——**1小匙**
white sesame

味噌 miso——**2小匙**

味霖 mirin——**1.5大匙**

酱油 soy sauce——**1大匙**

蛋黄酱 mayonnaise——**2大匙**

白醋 white vinegar——**2小匙**

*每种品牌的调味料都有点不一样，可自行调整！

延伸菜单 《在厨房遇见MASA》P.147：温制百菇日式沙拉

1 将生白芝麻直接放入锅中。不需放油，以小火慢慢炒到香味出来。

2 将炒过的白芝麻放入研磨机打碎，或用擀面杖碾碎。

本来想买已经炒过的芝麻，但买错了！不过我发现这样现炒的白芝麻，口味更好！

3 准备一个碗放入“芝麻味噌沙拉酱”的其他材料，再加入步骤2的白芝麻。

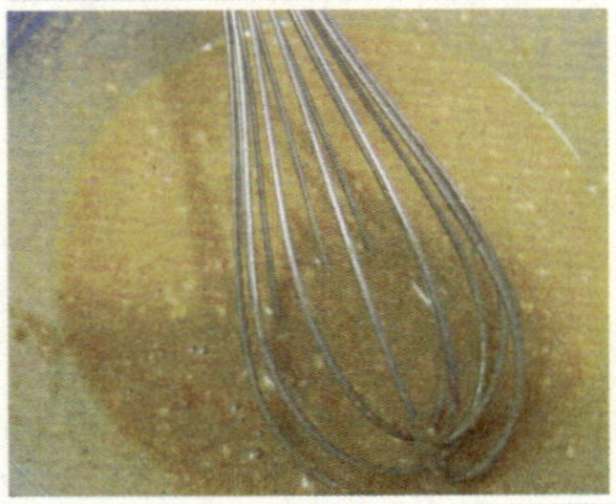

4 用打蛋器搅拌，确认已混合均匀，尤其是味噌。

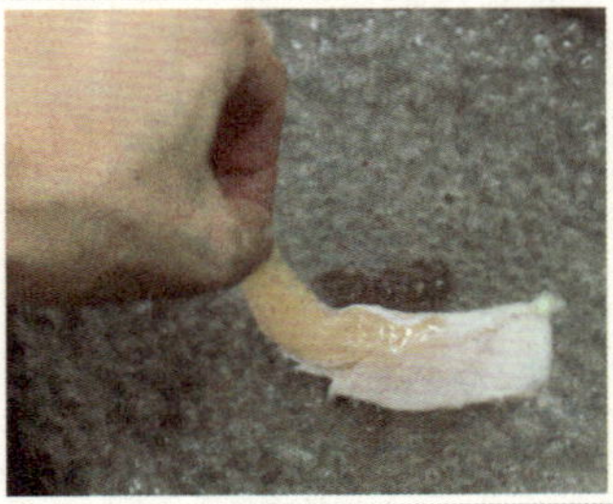

5 先煮鸡胸肉，煮好后放在凉水中。

6 胡萝卜切丝，煮到自己喜欢的口感。

7 生菜切丝。

因为生菜比较脆，直接卷的话，米皮容易破！

也可以用其他的生菜！

8 米皮，是东南亚的材料，在一般的超市都买得到。

9 米皮泡水10秒左右。

不用等到完全变软，否则会不好处理。

另外的方法是，用喷水器把米皮两面喷湿。

10 在米皮上边放生菜、胡萝卜丝、鸡胸肉。

11 中间淋一点芝麻味噌沙拉酱。

12 从旁边慢慢卷起来。

如果米皮容易破的话，一次用两张也可以。

13 米皮会粘刀，先把刀弄湿再切就不粘刀了。

Sake steamed Clams Spaghetti

1人份

日式口味！蒜香清酒蛤蜊意大利面

我买了很新鲜的蛤蜊，本来是要做清酒蒸蛤蜊（Sake Steamed Clams），但午餐时间，我想吃能产生饱腹感的食物，那么，就来做意大利蒜香白酒蛤蜊面，并用清酒来代替白酒吧！

Ingredients

[材料]

意大利面 pasta——120g	橄榄油 olive oil——2～3小匙
蛤蜊——600～800g (manila) clams	紫苏叶或香菜——适量 oba or parsley (italian preferred)
蒜碎——2～3瓣 chopped garlic	盐、黑胡椒粉——适量 salt & black pepper
清酒——3大匙 sake	

1 开始煮面。怎么煮？步骤参见P.23步骤3～4。

时间要短，2～3分钟即可。

因为做这个料理过程很快，面煮好的时间和酱准备好的时间差不多。如果怕来不及，也可以先做酱料（到步骤9），再开始煮面。

2 把蛤蜊放入盐水里，让它们慢慢吐砂。

有的超市卖的蛤蜊包装上写"已经吐好砂"，但我建议还是要自己处理。只要还有一点点的砂，就会弄坏你辛苦做的料理！。15° 3%浓度（与海水一样）的盐水，放置在阴凉的地方两小时。

3 蛤蜊放入干净的水里，用洗米一样的动作清洗壳的表面。放在网子里倒掉水。

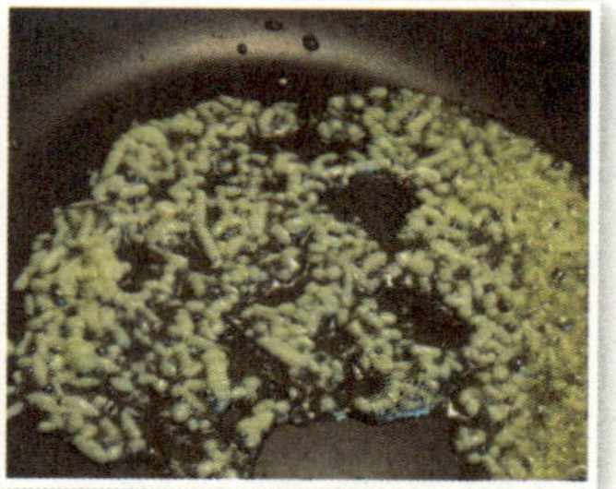

4 把橄榄油和蒜碎末放在锅里，开火让蒜的味道出来。

橄榄油先不要加热，先加入蒜碎后再开火，蒜碎才不会焦。喜欢吃辣的话，加些辣椒。

延伸菜单 P.37：味道丰富！日式意大利面

5 加入蛤蜊，炒一下。小心它会着火。

6 加清酒。这么多蛤蜊，可加3大匙左右。

当然可以用白酒。

7 盖上盖，焖一会儿。

确认蛤蜊全部张开。

8 确认壳全部张开，然后关火。

如果有没有开口的，表示蛤蜊已经死了（不新鲜），赶快取出扔掉。

9 全部倒入网里，让蛤蜊和汁分开。

为什么要分开？因为蛤蜊肉加热太久会变硬，口感不好。壳打开，表示已经够熟了，不要一直放在汤汁里面。

如果还没煮面的话，现在可开始煮！怎么煮？参见P.23步骤3～4。时间要短，2～3分钟即可。

10 汁倒回锅里，加一点橄榄油。

再增加一点橄榄油的香味。

11 放入加热时间短一点还没煮熟的面，在锅里拌一拌让面吸收汤汁，再煮一下。

为什么加还没熟的面？在蛤蜊汁里让面吸收海鲜风味。记得拌好，让油（橄榄油）和水（汁）乳化（变成白白的）。

12 加入煮好的蛤蜊和切碎的紫苏叶或香菜。尝一下味道，不够咸，再加一点盐、黑胡椒粉。

小心！蛤蜊汁已经是咸的。

Pork & Mizuna Hari-Hari hot pot with Sesame Miso dipping

1人份

最适合晚上吃的食物！猪肉和京水菜哈哩哈哩锅+胡麻味噌蘸酱

晚上回到家，非常累，还又冷又饿。(-。-)不想吃太油的，也不要太咸的，让肠胃吸收比较温合的食物！日本有一种火锅叫哈哩哈哩锅，是用鲸鱼肉和京水菜做的火锅。当然现在很多地方不允许吃鲸鱼肉，没问题，主菜是京水菜，而在日本，现在都用猪肉来做这道料理。京水菜脆脆的口感非常好吃！猪肉蘸胡麻味噌酱吃很搭配！每天很努力地辛苦工作、上课、照顾家人的各位，请来吃一顿简单、舒心、热呼呼的火锅料理吧！

延伸菜单

《在厨房遇见MASA》P.65：猪肉涮涮沙拉和芝麻味噌酱

Ingredients

[材料]

京水菜 mizuna/potherb mustard——1/2包
*可以改用豆苗

金针菇 enoki mushrooms——1/3包

葱 green onion——2棵

豆腐 tofu——1/2盒

猪肉（梅花肉）——100～150g
sliced pork

日式高汤 japanese broth——300～400mL
（或热水+蚝油）

酱油 soy sauce——约1大匙

味霖 mirin——约1大匙

1 切掉京水菜的根部，洗好。切成合适大小（4～5cm）。

找不到京水菜？没关系，我觉得用豆苗也很好吃！ ^^

2 葱斜切；豆腐切成4～6块；金针菇切掉根，用手撕开。

3 想要知道金针菇怎么处理吗？因为根的部分有土，打开包装来切的话，砧板会弄脏。连包装一起切除会比较干净！

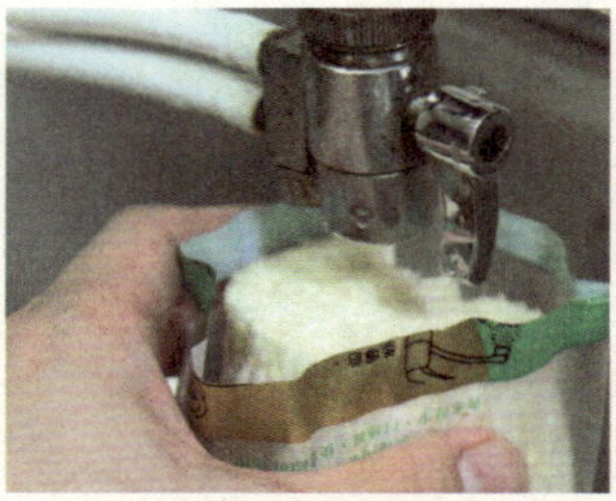

4 接着利用包装袋冲水，将水倒掉，再把金针菇拿出来用。

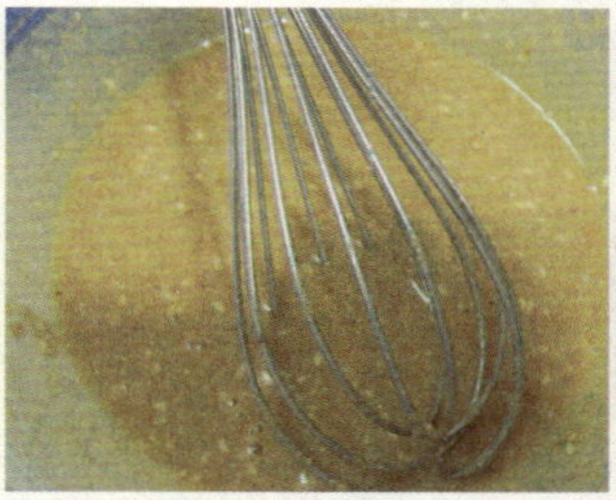

5 准备蘸酱。步骤请参考《在厨房遇见MASA》P.65猪肉涮涮沙拉和芝麻味噌酱。

6 锅里先倒入日式高汤（步骤请参见《在厨房遇见MASA》P.168步骤1～3），并加入酱油、味霖，再开火。

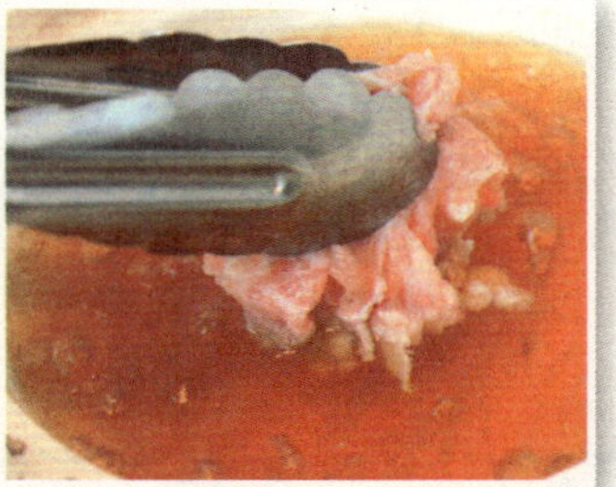

7 汤煮开了，先加入猪肉煮。

8 肉煮一下，水面会出现浮沫，用勺捞出来。

9 再加入其他的材料。食物熟后即可蘸酱吃了！

京水菜不要煮太久，留一点脆脆的口感比较好吃！

Mango & Crab meat Sushi
Tropical style

3人份

南国风味！季节水果——芒果蟹肉创意手卷

用芒果做的甜点很多，台湾有芒果冰，非常好吃！芒果布丁也很棒。那么，用芒果可以做什么料理呢？我又想到几样菜，鲑鱼芒果派、鸭胸肉芒果酱，它们都是步骤比较复杂的料理，而且现在是夏天，想想看比较简单爽口的还有什么。啊哈！有！最近做了好几次寿司，因为螃蟹肉跟芒果很搭。现在做道简单的手卷，淋上一点日式洋葱酱，洋葱的味道把蟹肉跟芒果组合得更好！值得试试看！

延伸菜单

P.82：海老和鳄梨创意手卷

Ingredients

[材料]

- 蟹肉棒（用真的螃蟹肉更好！）——3个 crab cake
- 芒果（切丁）mango——3小匙
- 芦笋 asparagus——3支
- 寿司饭 sushi rice——45g
- 海苔（撕1/4）——3张 shredded（1/4 sheet）
- 酱油 soy sauce——1大匙
- 味霖 mirin——1.5大匙
- 洋葱 onion——1/8个
- 蛋黄酱 mayonnaise——少许
- 芝麻 sesame——少许

1 先准备好寿司饭。请参考P.83步骤1～3。

2 洋葱切小块，加入酱油、味霖打成泥。

酱油跟味霖的比例大约是1:1.5。试试看，自己再调整一下比例!

3 削掉芦笋下面的皮。

4 焯一下，然后冷却。

5 芒果切丁。

6 材料都准备好了。

7 如果想要像图片上把蛋黄酱挤成很细的线的话，可以装在塑料袋里。切掉袋子一角一点点。

8 海苔片撕1/4后再撕成一半，放一点寿司饭、芦笋、蟹肉棒、芒果。并淋一点步骤2做好的日式洋葱酱，挤上蛋黄酱，还可以再撒上一点芝麻。

3人份

海老和鳄梨创意手卷

我很爱吃生鱼片，也很爱吃寿司。问题是，在台湾地区，在家里吃到生鱼片的机会比较少，而且很多人不吃生鱼片。这次，我想介绍一种简单、便宜且大家都可以享受的寿司！

延伸菜单
P.80：南国风味！季节水果——芒果蟹肉创意手卷

Ingredients

[材料]

- 米饭——60g（或米片每片20g×3片）
  steamed rice
- 海苔片（1/4片）——3张
  seaweed
- 鲜虾（煮熟）——3只
  cooked prawns
- 鳄梨 avocado——1/4个
- 蛋黄酱 mayonnaise——1大匙
- 虾段 ebiko——少许

[寿司醋]

- 醋 vinegar——220mL
- 白砂糖 sugar——150g
- 盐 salt——50g

1 寿司醋的材料放入碗里，搅拌一下，放置一个晚上，让白砂糖慢慢溶化。

如果是马上要用的话，可以稍微加热一下，等白砂糖溶化后马上熄火。这是基本的比例，可以按照你自己喜欢的比例再调整！寿司醋可以冷藏保存1～2个月，一次用不完没关系！

2 确认白砂糖已经溶化了，把寿司醋倒在汤匙上，慢慢均匀地撒在米饭上，然后拿刀用切米饭的动作拌一拌。

多少米饭加入多少寿司醋可以参考这个比例。1杯米（150～160g）煮好的饭：寿司醋2～2.5大匙。

3 用扇子扇一扇，让米饭赶快冷却。

为什么要用扇子冷却？朝饭的表面扇风，让寿司醋快速进入米饭里面，有亮亮的光泽！

4 用拧干的湿布将寿司饭盖起来，等其他的东西准备好。

5 鲜虾煮熟，切小块后放入蛋黄酱。

6 鳄梨切片。

7 海苔片撕成1/4 的大小。

如果你的海苔片已经湿掉，变成软软的话，怎么补救？请参考P.191步骤10。

8 将寿司饭放在海苔片的1/2上。

我建议饭用少一点，可以享受上面装饰配料！

9 最后再放鳄梨、鲜虾。有条件的话可以放一点虾段。

如果要开寿司派对的话，东西都切好，饭调好，摆放在桌上，让客人自己拿材料做自己喜欢的手卷！

Mushi(Steamed) cuisine-Cabbage lasagna & Mushroom Conzee

4~6人份

健康、简单
千层卷心菜和百菇杂炊

现代人吃的食物含油太多，很多人已开始关注自己的健康，后来开始用沙锅蒸东西吃。步骤很简单，锅里面加水，在盘子上面把自己喜欢的东西放进锅里蒸，熟后用来蘸酱吃，而且没有用到油，所以对减肥的人也很适合。问题是，东西还是不够特别，平常只放蔬菜类和肉类直接蒸……这样吃当然不会错，但是，我想介绍如何100%利用这种锅的功能，它还可以做什么样的料理呢？大家一起看喽！

延伸菜单
《在厨房遇见MASA》P.66：日式卷心菜卷

Ingredients

[千层卷心菜]

猪绞肉 ground pork——400g
洋葱（切丁）——1/2个 chopped onion
盐 salt——1/2小匙
鸡蛋 egg——1个
酱油 soy sauce——1小匙
蚝油 hondashi——1/2小匙
卷心菜 cabbage——5~6片

[百菇杂炊]

干香菇——6~8朵 dried shiitake mushrooms
金针菇——1/2包 enoki mushrooms
盐 salt——1/2小匙
酱油 soy sauce——1/2大匙
米饭 steamed rice——2碗
鸡蛋 egg——1个
葱（切花）——适量 chopped green onion
海苔丝 shredded sea weed——适量

1 切丁的洋葱炒到透明后，放凉。

2 干香菇泡水。

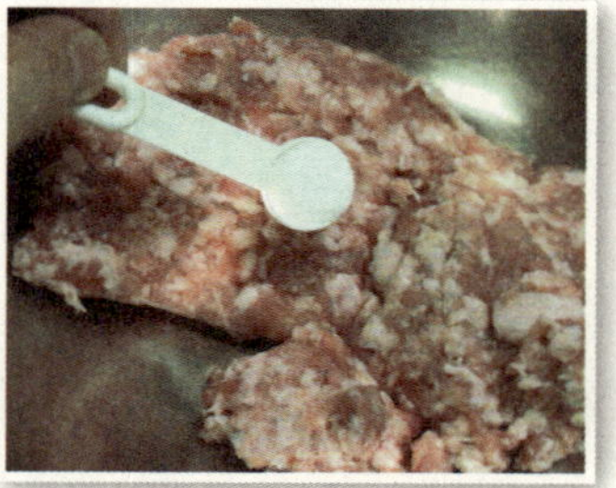

3 猪绞肉加入盐，搅拌好。

像汉堡肉一样，猪绞肉里先加入盐，搅拌到黏黏的口感才比较好。

4 将“千层卷心菜”中卷心菜以外的材料都放进去搅拌好。

5 把卷心菜一片片慢慢地剥下来后，切掉根的部分。

叶子破掉没关系，它不是卷心菜卷，不用紧张！根的部分切片可以放入下面的锅里。

6 这是沙锅里面装的盘子！

普通的沙锅也可以用，反正有两层，有蒸笼的效果就更好了！当然大家料理时的必备锅具——电饭煲也可以用！

7 切片的卷心菜铺在蒸盘上。

8 卷心菜上面均匀涂上步骤4的绞肉后，再铺一层卷心菜，继续做同样的步骤，一直到绞肉用完。

每层不要涂太厚，因为要做3～4层！

continue→

9 最后上面盖上卷心菜。

10 把泡好的香菇拿出来，香菇水放进沙锅里。

11 泡好的香菇切片后和金针菇一起放入沙锅里，再加入水。

水要加多少？大概离装好的盘子2～3cm的水量就好了。噢！对了！如果没有时间准备这个汤，MUJI(无印良品)有卖方便的调理包的！可以用“炊饭元素（香菇）”。

12 盘子放进沙锅后，盖上盖，开中火，蒸10分钟左右。

13 千层卷心菜蒸好了！连盘子一起拿出来。

14 图片中的是断面的样子！(*￣▽￣*)发现它肉汁很多吧！蒸的时候，这个卷心菜的甜味及猪肉的肉汁都滴到下面沙锅里的菇汤里面！

注意！要等下面的水开始沸腾后才开始计算时间（约10分钟）哦！用电锅的话，外锅倒半杯多的水，差不多是10分钟吧！

15 加入盐和酱油，调一下味道。

16 加入米饭拌一下，让它均匀散开。

17 大火煮沸后，把搅拌好的蛋液用筷子慢慢地流到汤的表面。蛋的熟度依你喜欢，熄火，装碗，撒一点葱花、海苔丝。

饭不需要煮很久，它是“杂炊”（泡饭之类）不是稀饭，蛋液不要全部一起倒进去！它会沉下粘在锅底！蛋加入以后不要马上搅拌，否则会变得不透明。

Lots of nutritious! Tuna & Japanese Yam-Don

1人份

营养丰富！金枪鱼山药盖饭

现在已经是12月了！时间过的超级快，到了该多吃一点营养食物的时候了！

这次我用金枪鱼和山药做料理。金枪鱼跟山药的组合非常好。我还喜欢加入鳄梨！这三种食材组合在一起，在味道及营养方面是最强的！当然我还要顺便介绍如何长期保存一整根山药的方法！

延伸菜单
P.65：味噌渍两种金枪鱼——普切挞和毛豆泥酱

Ingredients

[材料]

金枪鱼（生食用）——60～80g
tuna sashimi

日式柴鱼酱油 soba tsuyu——少许

山药 chinese yam——60g

鳄梨 avocado——1/4个

海苔丝 shredded seaweed——少许

白芝麻 white sesame——少许

[腌酱]

酱油 soy sauce——2大匙

芥末酱 wasabi——1/4小匙

1 在超级市场买的用来做生鱼片的金枪鱼，当然可以用已经切片的。只要记得买“生食用”的即可。

2 金枪鱼切片。生鱼片怎么切呢？请参考P.67。

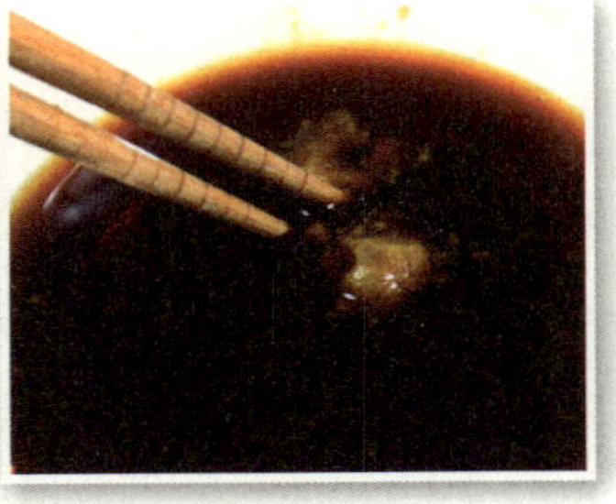

3 把“腌酱”的材料混合好。

可以用前面我介绍的腌酱，（请看P.68午餐定食！腌渍鲷鱼盖饭。）这次我是用简单版但很好吃的腌酱。

4 放入鱼片，腌15～20分钟。等的时候，就先做下一个步骤吧！

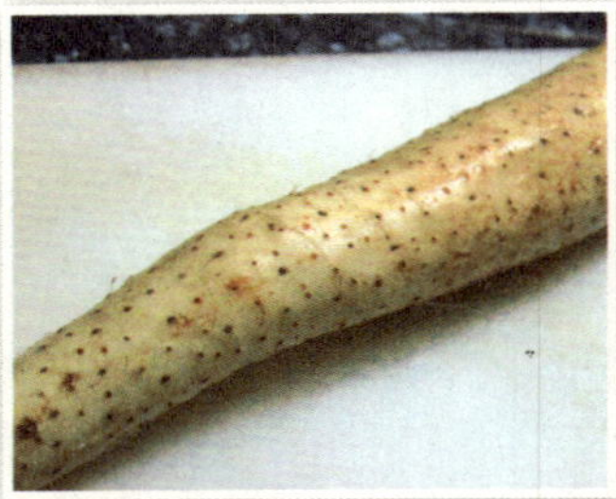

5 在台湾，现在比较容易买到山药，但是，通常买一整根，买回来做一些料理后，剩下的可继续放在冰箱里，常常还没用完就坏掉，这次我想好好给大家介绍我常用的保存方式

注意！这道料理要生吃山药，要注意选择可生吃的品种。有的山药不太适合生吃！

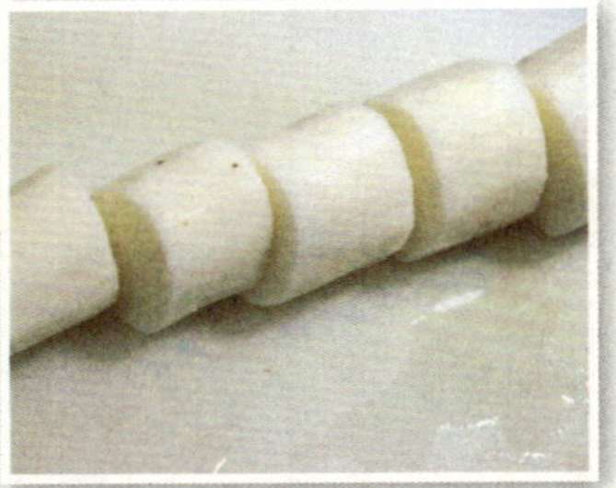

6 山药先削掉皮，切段（大约5cm）。

7 放入密封袋里。

8 用擀面杖或空瓶轻轻打碎。

不要用力太大，以免袋子会破掉！最好不要在袋子角落打。

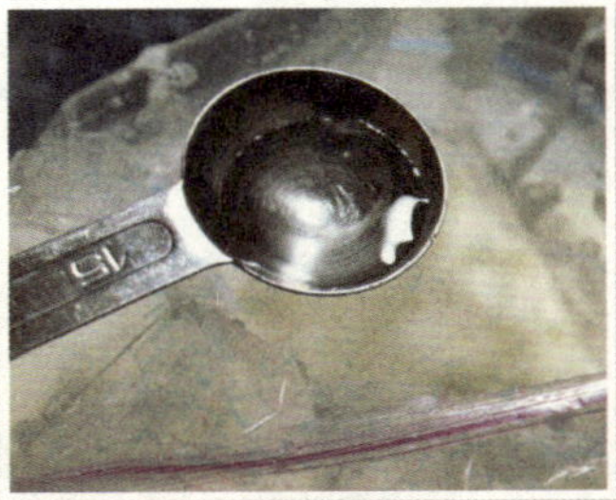

9 打得开心可顺便释放你的压力，结果发现，天啊，开始变色了！没问题！加一点醋（1整根用1小匙醋），袋子封起来，按搓一下就解决了！

山药表面的部分碰到空气就开始变成黑色。味道会不会变得酸酸呢？不用担心！加一点点醋并不会影响到山药的味道！

10 把山药泥铺均匀，冷冻保存。

用小袋子分开装起来也是好注意!

需要用时，不用打开袋子，直接冲水解冻，或把你要用的量先取出来用也可以！可以冷冻3周。

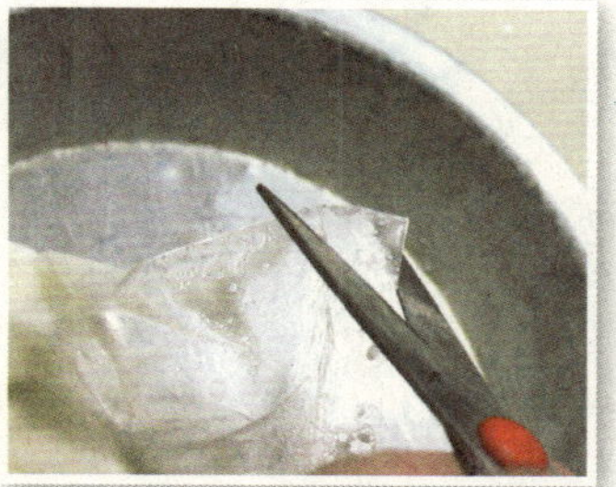

11 打开以后马上用或将解冻好的山药包装一角处切开。

12 没有用完，用夹子封起来。“山药保存方法”就是这样子！用这个山药泥可以做出很多种料理。

13 鳄梨切1/4，皮拿掉后，切片。

14 山药加入一点日式柴鱼酱油，稍微腌入味。

没有柴鱼酱油，也可以用很少的酱油代替!

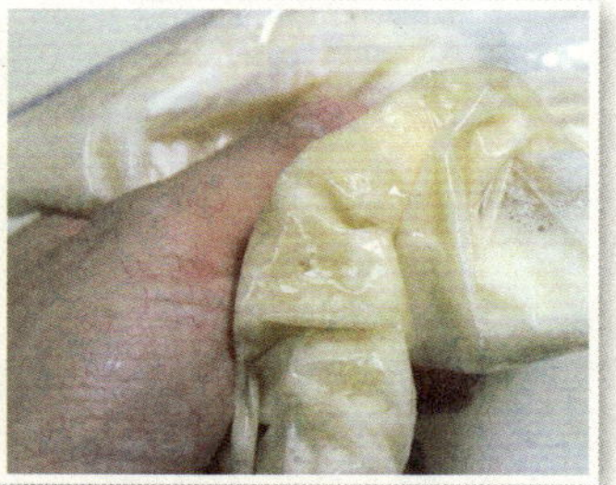

15 然后让酱在山药泥中均匀散开。

16 米饭放在碗里，撒一点白芝麻。

这种盖饭不需要特别准备寿司饭。直接用热热的米饭就好了!

17 码放上腌好的鱼和鳄梨。

18 挤出步骤15。上面撒些白芝麻和海苔丝。

上面写的分量只是参考而已。放多一点的鱼、鳄梨或山药也没关系！只要你开心就好!

Prawn tails sushi in MASA'S Style

MASA的创作甜虾手卷

3人份

我很爱吃生甜虾，直接蘸酱油或芥末酱吃，或做成握寿司、军舰卷都很好吃！这次我想要介绍与众不同的寿司。以前住在加拿大时我吃过很多种特别的寿司，如加州寿司卷，彩虹寿司等，对寿司的观念改变了一些。寿司可以有很多种变化，这种MASA的创作甜虾手卷也是一样。我喜欢加一点意外的材料，使口感变得很特别但又是很好吃的手卷！步骤非常简单，不需要特别的技巧，只要把材料组合一下就完成了！大家可以参考这些步骤与想法，自己做出很多组合的简单手卷！

Ingredients

[材料]

寿司饭或米饭——1碗
sushi rice or steamed rice

生甜虾——6只
sashimi grade prawn tails

蛋黄酱 mayonnaise——适量

白酒 white wine——少许

葱花 green onion——少许

玉米片 cereals——少许

辣椒丝或七味粉——少许
shredded chili or nanami powder

海苔片 seaweed——1张

[特制洋葱酱]

酱油 soy sauce——3大匙

味霖 mirin——3.5大匙

洋葱 onion——2小匙

1 米饭里加入寿司醋拌一拌。

详细的步骤请参考P.83步骤1～3，如果没有时间准备寿司饭，没关系！就直接用米饭！^^v

2 “特制洋葱酱”的材料放入果汁机中搅打成泥。

3 把打好的洋葱酱倒出来。

因为里面有很多空气，所以变得白白的。不用担心！放置一会儿泡泡就不见了！刚做好的酱油洋葱味道很呛，冷冻一晚上味道会变得比较温和。

4 蛋黄酱里加入一点白酒，搅拌好后装在挤袋中。

如果没有白酒，不加也可！

延伸菜单

P.80：南国风味！季节水果——芒果蟹肉创意手卷

5 这次我用甜虾。其他的海鲜像干贝、鲑鱼、螃蟹肉也很好!

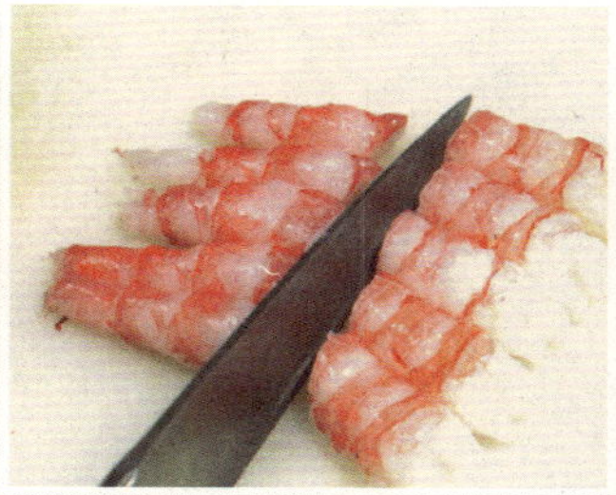

6 去掉尾巴，然后切成 2 cm 长的段。

7 海苔撕1cm宽的长片。

8 饭放在海苔的半面。留下另外的空间。

因为，我觉得普通的手卷太大，吃一个就吃饱了，而且海苔卷起来，一下子就变湿了。我想要海苔脆脆的口感，所以留一半没有放饭，吃的时候再折起来吃，非常清脆而且甘爽!

9 米饭上面放切好的生甜虾。

10 淋上调好的洋葱酱。

11 把准备好的蛋黄酱挤在生甜虾上。

12 来点玉米片？对！加一点玉米片，吃到嘴里，会有很大的惊喜！最后点缀上葱花、辣椒丝或七味粉。

玉米片本是加牛奶吃的，它的口感非常脆，而且很香！不相信？试试看！你就会了解了!

6人份

营养丰富！培根蛋和荞麦粉的法式咸可丽饼

"Galette索料干饼"是法国的乡土料理，原本的意思是圆形薄薄的东西，平常用“荞麦粉”来做，但是不一定要用这种粉，而且国外比较难找到这种食材。但无所谓，我就用“全麦面粉”来做好了！味道呢？我觉得非常的香！而且全麦面粉比普通面粉健康许多，含有很多纤维！新鲜的蛋，丰富的菜，香香的皮，早餐不要一直吃一样的吐司、火腿与鸡蛋，偶尔可以吃不同的东西！天气已经开始变暖了，应该不会再变冷了吧！早上也没有以前那么冷了，从床上起来不会像冬天那么辛苦，那么，为何不早点起床帮自己准备丰富的一餐呢？说动就动！

延伸菜单

P.248：豪华绚烂组合！布丁可丽饼卷

Ingredients

[可丽饼]

全麦面粉——100g
whole wheat flour

牛奶 milk——250mL

鸡蛋 egg——1个

[馅料]

培根 bacon——6片

蟹味菇——2~3包
shimeji mushrooms

鸡蛋 egg——6个

胡椒粉——适量
pepper

比萨起司——300g
pizza cheese

盐 salt——1/4小匙

迷迭香（新鲜）rosemary——适量

1 这是全麦面粉。我很喜欢吃全麦面包，它吃起来真的很香！

如果买不到全麦面粉的话，用低筋面粉也行。

2 加入鸡蛋、牛奶。

3 用打蛋器搅拌均匀。

4 准备其他的材料：蟹味菇切掉根后，用手撕开。

菇类，我建议不要用流水冲洗，它会吸收不，如果觉得不太干净，可用刷子刷一刷，或用湿一点的布擦一擦。

5 这次我还准备了培根、菠菜。培根切片；菠菜焯好放凉后切段。

菠菜可以多买一点，全部烫好后，包起来放在冷冻室，用起来非常方便！

6 炒锅上火，放油先加入培根炒到香味和油分出来以后加入蟹味菇。

如果油分不够，看起来很干的样子，可以加入奶油。

7 加入烫好的菠菜，最后加入盐、胡椒粉调味道。先倒出来，放在旁边。

因为等一下跟可丽饼和鸡蛋一起吃，味道重（咸）一点没关系！

8 平底锅冲一下，擦干净后加热，加一点油，然后倒进约1汤匙步骤3的面糊。

9 端起锅摇一摇，让面糊均匀散开。

饼不要太厚！否则旁边不好折起来。

continue

10 表面稍微变干时的样子。

11 盛一人份步骤7的馅料。

12 放上比萨起司。

13 中间做一个凹坑，放入鸡蛋!

14 皮的边缘已经干了，4个边往内折起来。

15 盖上锅盖，用小火继续加热至比萨起司开始融化。

吃之前可以撒上喜欢的香料，味道会很好，这样的早餐才会有开胃的效果！我用了很多的胡椒粉及新鲜的迷迭香！

料理知识：料理的さしすせそ

大家听说过这些日文吗？每个字代表一种调味料。さ（Sa）表示白砂糖；し（Shi）表示盐；す（Su）表示醋；せ（Se）表示酱油；そ(So)表示味噌。日本料理常用到的调味料，哪种调味料要先加呢？原本它是有先后顺序的。

一、さ（白砂糖）和し（盐）：白砂糖的分子比盐大，如果先加入盐的话，盐的味道先进入到食材里面（盐分子进入食材的洞），之后加白砂糖的话，食材表面没有地方（空间）进去，所以，最好是先加入白砂糖，再放入盐。

* 如果做泡菜的话，情况不一样，它腌的时间比较久，所以哪种先加入差别并不明显。

二、す（醋）、せ（酱油）和そ（味噌）：醋的挥发性很高，太早放入，酸味会马上蒸发。酱油加入后若煮太久，风味会逸失很多，变成只有咸味。最后加入味噌调味的时候，一般是先关火再加，就像味噌汤一样，加入味噌煮一下后马上就熄火，保留鲜味!

* 其实，这三种添加顺序有时会交换，要看是做什么样的料理。

结论：如果以后做料理时，搞不清楚先加入哪种调味料，可以参考这个方法，当然有的食谱（包含我的……），步骤跟这里写的不一样。没关系，只要稍微有一些日本料理的小知识就好了嘛!

Tuna Sushi tower with Pine nuts Miso sauce

1人份

金枪鱼松子鳄梨千层寿司

我参加了一场在台北华山创意文化园区举行的“泰山宠爱女人节”活动，有许多卖东西的摊位，很热闹。希望大家都很尽兴!

我曾经做过一道养生料理。觉得未曾和大家分享太可惜，所以，现在介绍给大家!

这次是用坚果做料理，我选了松子!腌在味噌里面的金枪鱼搭配炒或烤好的松子非常适合!还有下面的鳄梨，多加了一种不同的口感。跟米饭一起吃，非常有满足感!因为节日的关系（母亲节），我还加了特别的生鱼片花做装饰!

延伸菜单

P.62：煎干贝、芦笋与简单酱油莎莎酱

ingredients

[材料]

- 金枪鱼 tuna——50g
- 松子 pine nuts——1～2小匙
- 味噌 miso——1/2小匙
- 味霖 mirin——1/2小匙
- 鳄梨 avocado——1/4个
- 米饭 steamed rice——50～60g
- 巴萨米克醋——适量 balsamic vinegar
- 鲑鱼 trout——适量
- 鲷鱼 bream——适量

[日式莎莎酱]

- 番茄 tomato——1/2个
- 洋葱 onion——1/4个
- 酱油 soy sauce——3大匙
- 橄榄油—— extra virgin olive oil
- 柠檬（挤汁）fresh lemon juice——1/2个
- 紫苏叶 oba——2～3片

*日式莎莎酱的做法参见P.62煎干贝、芦笋与简单酱油莎莎酱。

1 松子炒或烤到呈金黄色。

炒松子的话，不用加入油，直接炒就可以了！

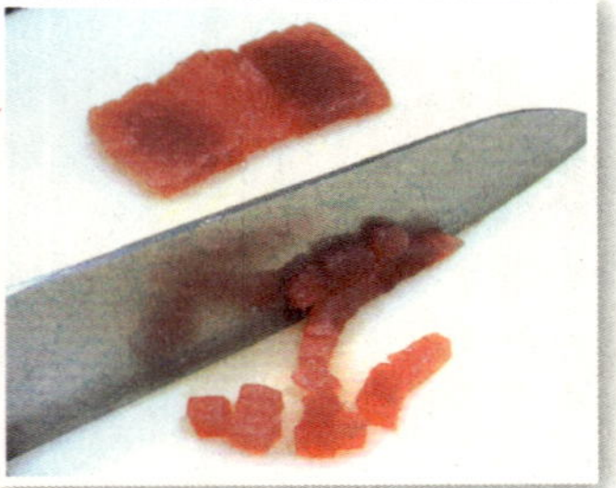

2 金枪鱼切丁。

鲑鱼、鲷鱼都可以！

3 把味噌、味霖搅匀。

4 放入切好的金枪鱼丁、松子拌一拌。

5 鳄梨切1/4后，横或竖切，注意不要切到皮的部分。和切芒果一样的方式。

6 模型里面涂一点油，以防黏住。

没有模型？没问题！用牛奶盒剪成模型就好了！

7 加入米饭，用汤匙压均匀。

我没有特别准备寿司饭。因为上面加的味道已经足够。如果想要用寿司饭当然可以！

8 用汤匙挖鳄梨。

9 把鳄梨放入模型里，要平均压好。

10 最后加入步骤4的金枪鱼和松子，然后放在盘子上面，轻轻取走模型。

11 我这次用了两种鱼，鲷鱼和鲑鱼，简单地切薄片。

要切薄片哦！不然不像花。

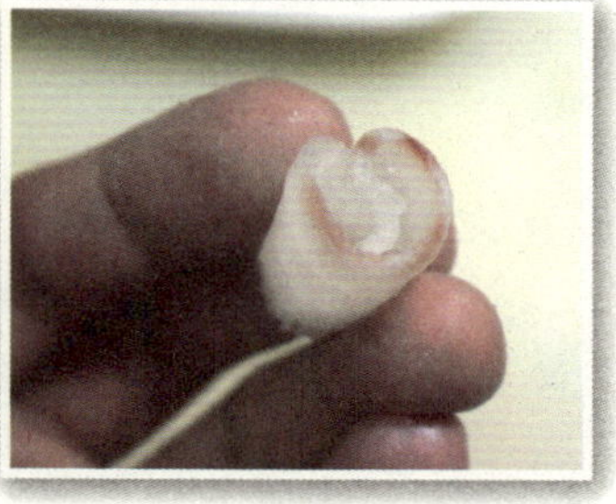

12 然后，把鱼片卷起来。

13 卷好后放在盘子上，再卷上一片。

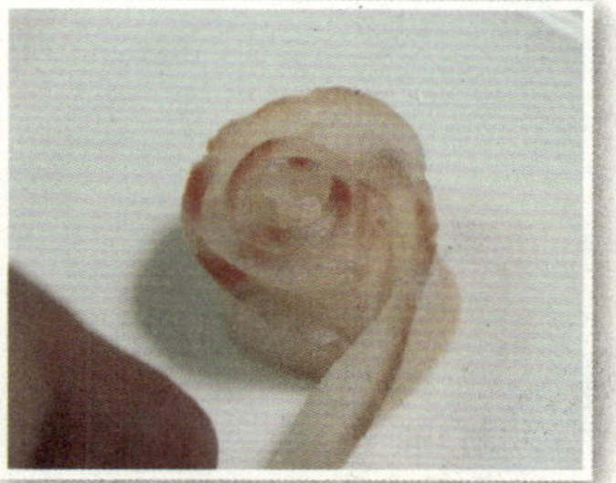

14 继续卷。

15 哇！多漂亮的小花！

16 巴萨米克醋煮到稍微浓稠后，冷却。

17 用刷子在盘子上画自己喜欢的图案！

18 我用了两种装饰。这张图片就是用“日式莎莎酱”铺在寿司下面。

Salmon & Ikura Konyaku Congee

1人份

鲑鱼亲子魔芋杂炊

每年的9～12月，鲑鱼会从海洋回游到内陆河流产卵。鲑鱼的营养成分对身体很好，它有很丰富的Ω-3不饱和脂肪酸。那鲑鱼卵呢？它的红色色素部分有很强的抗酸化物质作用，可以预防衰老、舒缓压力、防止脱发等。这个亲子盖饭，还加了魔芋，既健康又好吃！

延伸菜单
P.178：魔芋百菇杂炊

Ingredients

[材料]

- 鲑鱼 salmon——1/2片
- 魔芋丝 konyaku noodles——80g
- 香菇 shiitake mushroom——1朵
- 蟹味菇 shimeji mushroom——1/4包
- 米饭 steamed rice——100g
- 鸡蛋 egg——1个
- 葱花 chopped green onions——少许
- 鲑鱼卵 ikura——1大匙

[汤汁]

- 水 water——300mL
- 鲣油 hondashi——1/4小匙
- 盐 salt——1/4小匙
- 酱油 soy sauce——1小匙

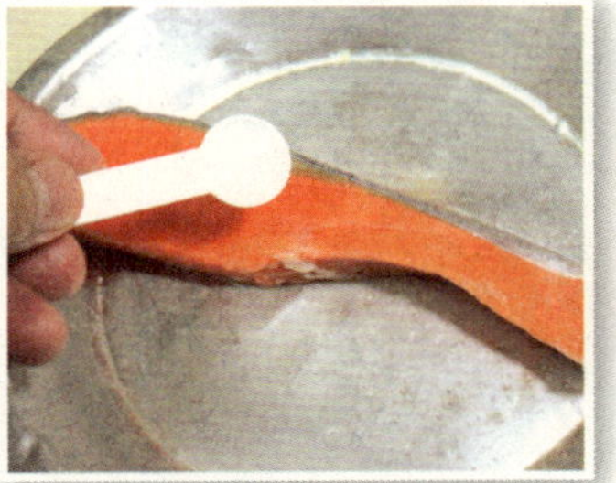

1 腌过或没有腌过的鲑鱼都可以，如果用没有腌过的话，先撒些盐腌一下。

2 用中火把鱼煎熟。

3 把煎好的鲑鱼压碎，去掉鱼刺。

4 魔芋丝先烫一下，去掉腥味后切断。

5 菇类切成合适大小。

6 把“汤汁”材料放进锅里，放入已切好的菇类，用中火开始煮。

7 汤底煮开以后，放入已烫好的魔芋丝和米饭，继续煮。

但是，不要煮太久！还是要保留着饭的形状，因为这不是稀饭！

8 然后加入鲑鱼肉。

9 最后，把蛋液打匀后，用量杯或筷子让蛋液细细地流下去，煮十几秒后，熄火。撒一点葱花，把鲑鱼卵放在锅中间，撒上葱花。

蛋的熟度依自己的喜好调整。

Saba Mackerel cooked in Ginger Miso sauce

2人份

家庭必备 健康料理 味噌煮鲭鱼

小时候妈妈常做鱼料理，有的料理我很喜欢，有的料理就不一定了。鲑鱼、金枪鱼、鳗鱼都不错，但鲭鱼，只要在桌上看到它，我就开始郁闷，因为鲭鱼有种特别的味道，小孩子不太爱吃。

有一种蓝色的鱼料理就是“味噌煮鲭鱼”，甜的味噌加上姜，味道很棒，可以吃很多米饭！而且营养还很丰富！年纪大了，自己开始煮自己想要吃的东西，当然自己也做过好几次，后来住在国外有机会做一些日本家庭料理，我发现，很多外国人也不习惯这种有腥味的鱼，但是做了这道料理，他们都喜欢。他们说，味道不错，一副很爱吃的样子！味噌的威力非常大，再加上一些姜片一起煮，很香！来！步骤非常简单、单纯，也不需要特别的厨具（我认为），慢慢跟我做做看，然后做给家人、朋友或自己吃。

Ingredients

[材料]

鲭鱼 mackerel——1/2片

姜 ginger——25g

葱 green onion——1棵

[调味料]

水 water——150mL

酱油 soy sauce——2大匙

清酒 sake——100mL

味霖 mirin——3大匙

白砂糖 sugar——10g

味噌 miso——60～70g

1 买半片处理好的鲭鱼，切成4块。

2 先放入开水里面焯几秒，去掉腥味。焯好后马上放入凉水中。

去掉鱼腥味的方式有几种，有人放在盆子里再用热水烫。用你自己喜欢的方式即可！

3 鲭鱼在锅里面码好，再放入姜片。

鱼最好不要重叠，否则它的皮会黏住！

加入蒜也很好吃！

延伸菜单
《在厨房遇见MASA》
P.102：普罗旺斯风煎烤鲭鱼番茄和香料酱汁

4 “调味料”的材料除了“味噌”之外，全部混合好。将调好的“调味料”放入锅里面。

太早加入味噌，风味都逸失了，所以后面加入！

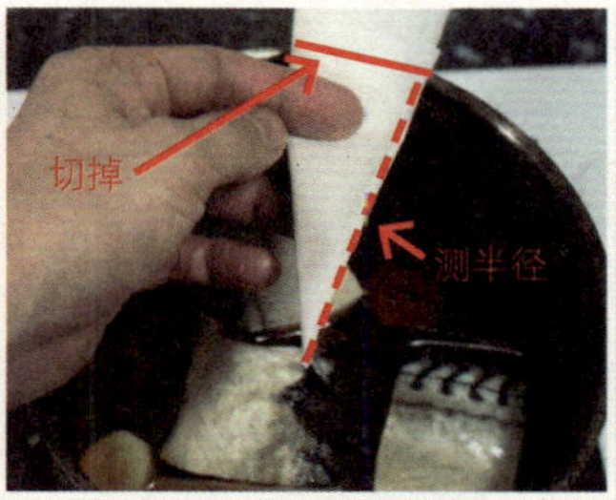

5 要盖起来，但是不要用普通的盖子，需要用“落盖”，即“小一点的盖子”，直接盖在锅子里面的材料上。用烘焙纸或铝箔纸折成三角形，先放在锅上测一下大小。

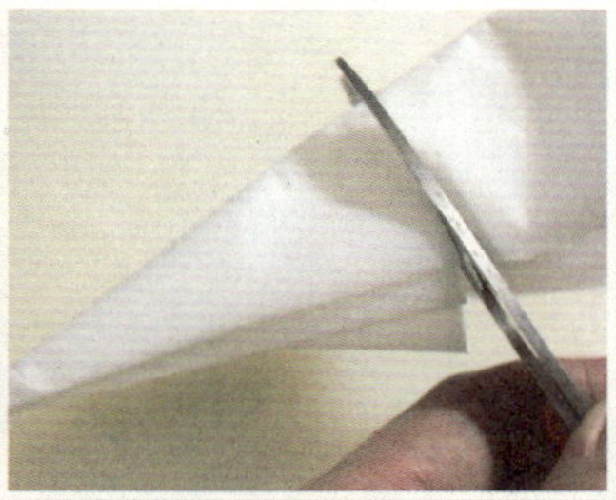

6 其余的部分剪掉。

7 放入锅里面，开中火。

为什么要用这种方式？因为做这种煮物用的水很少，材料没有办法完全腌到，所以用这种盖子让腌汁在材料上对流。

8 煮一下它会出杂质，用汤匙捞起来丢掉。

9 取出一点锅里的腌汁，跟味噌混合好。把混合好的味噌倒入锅里。

如果味噌直接放入锅里，不好溶化。

10 再盖好锅盖，用中火继续煮6～8分钟后熄火。锅盖不要拿掉，用余热继续加热，让它全熟。

如果用火一直煮鱼，营养成分会都跑了！ (*_*)

11 葱切片，放在平底锅煎到呈金黄色，跟鲭鱼一起装盘！

1人份

简单！自制家庭手工香松

做盒饭或吃米饭，有时候觉得少一点颜色、味道……这儿有主妇的好朋友——香松，当然买现成的既方便又好吃。但是有的朋友觉得有的牌子有一点贵，或不知道里面加了什么东西，所以不太习惯用，那么我来介绍简单的制作步骤！不需要找很难买的材料，一般平常看到的东西都可以用！基本上所有可以撒在米饭上的东西都很适合！看看你想要什么样的味道，自己随意调合就好了！

延伸菜单 P.146：味噌腌煎鲑鱼、凉拌芝麻味噌四季豆和海苔蛋卷便当

Ingredients

[材料]

柴鱼片 katsuo-bushi——25g
虾米 dried baby shrimps——25g
海苔片（大）seaweed——1～2片
白芝麻 white sesame——3大匙
酱油 soy sauce——3大匙
白砂糖 sugar——2小匙

1 柴鱼片放在铺好烘焙纸的铁板上面。

2 淋上酱油。

3 保鲜膜铺在上面，用手压好好让酱油平均散开。

4 放入预热好的（100℃）烤箱里，烤到干燥（20～30分钟）。

温度不要太高，只要能让它干燥即可。

5 干燥好的柴鱼片，非常脆！让它冷却。

冷却的时间要小心！鱼片烤得很脆但放在外面冷却太久，它会吸收空气的湿气，变得软软的。

6 把柴鱼片放入袋子里面，把它弄碎。

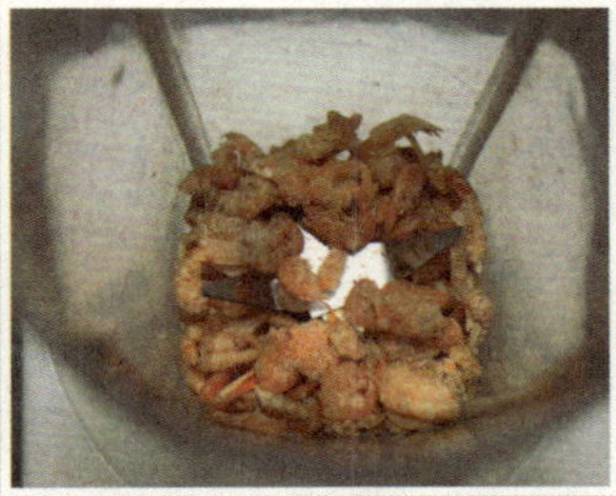

7 虾米放入果汁机打成粉。

8 海苔片先用手撕成小片，再放入果汁机打碎。

海苔片不要撕太细哦，打太久会变成黑黑的粉，不好混合！

9 把处理好的材料全部放入盆里，加入其他的材料如白芝麻、白砂糖。

10 “自制香松”会让你的饮食生活增添很多风味！味道当然可以自行调整！加入肉松、海苔粉、七味粉也都是不错的选择。

11 跟干燥剂一起放入保鲜盒里面。

Miso-marinated Snapper salad

2人份

亚细亚风 味噌渍鲷鱼琥珀沙拉

日本经常用到的基本调味料——味噌，不但可做味噌汤，还可以做很多料理！当你买了一大包，却不知道该怎么用时，欢迎参考这本食谱！这次我做了味噌腌生鱼片，生鱼片本来是直接吃的，但是还可以用不同的方式吃生鱼片，也很美味！这次我用味噌腌白身鱼，颜色非常漂亮！做的时候感觉有一点东南亚料理的样子，后来决定配上一点点辣的沙拉酱，对平常不吃辣的我来说，这是一个很大胆的尝试！下面铺的洋葱、紫苏叶、生菜的香味很适合味噌的风味！另外，淋上微辣的沙拉酱很清爽的样子，像之前食谱介绍的烤味噌鱼方式也可以做，这么简单、好吃的沙拉，大家都可以试试看。

Ingredients

[材料]

- 鲷鱼 snapper——1/2片
- 白、红味噌——各2大匙 white & red miso
- 清酒 sake——40mL
- 洋葱 onion——50克
- 番茄 somato——1个
- 紫苏叶 oba——少许

[酱汁]

- 酱油 soy sauce——1大匙
- 味霖 mirin——1大匙
- 姜末 ginger paste——少许
- 辣油或香油——喜欢的量 chili oil or sesame oil

1 真空包装的冷冻鲷鱼，要确认买的是“生食用”的。

买一整块生鱼片也很好！

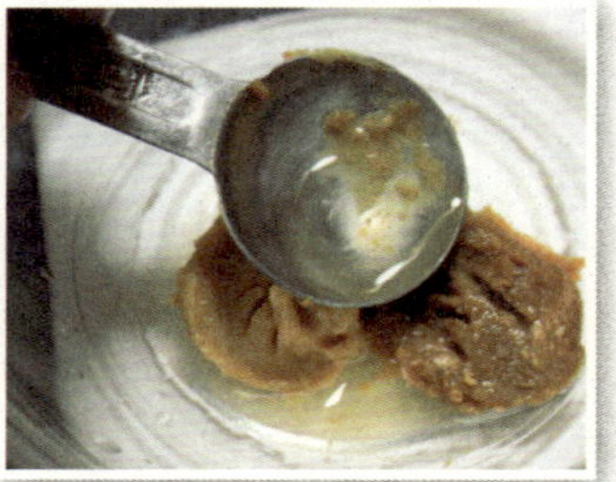

2 把两种味噌、清酒混合好。

不一定要用两种味噌，用一种也很好，如果怕太咸可以加入味霖（甜味会中和咸味）。

3 调好后把一半量的味噌铺在盘子上面。

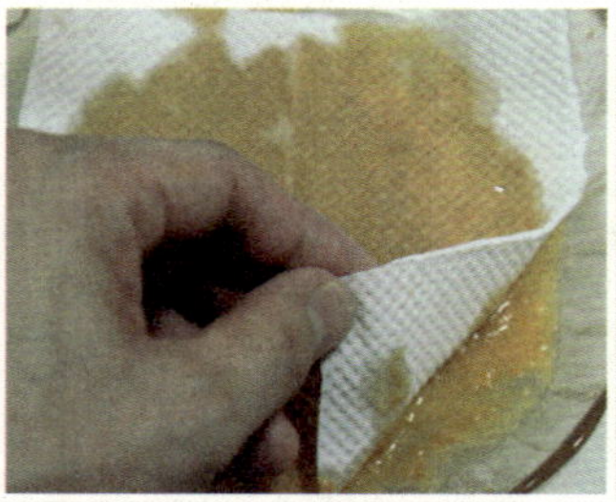

4 再放一张纸巾或纱布。

5 把解冻好的鲷鱼放在纸巾或纱布上。

延伸菜单 P.68：午餐定食！腌渍鲷鱼盖饭

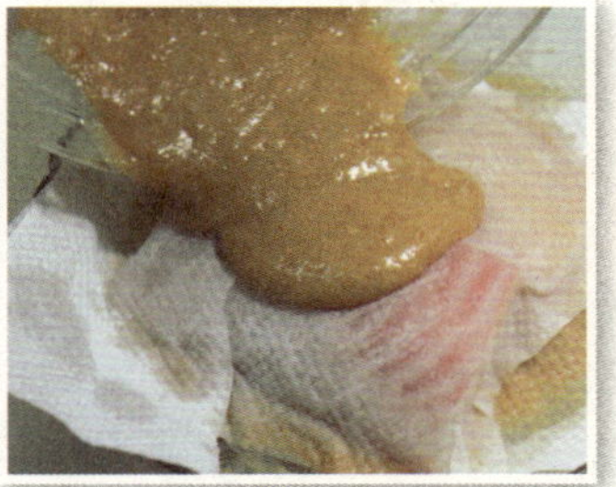

6 再把一张纸巾贴在鱼上面，涂上剩下的味噌。

为什么要用纸巾呢？因为直接涂上味噌味道会太咸，也不能用水洗掉。

7 然后用保鲜膜包起来，放入冰箱腌1～2天。

腌的时间要看鱼的厚度，还有你喜欢的入味程度。

8 图为腌了2天的样子，稍微出了些水，颜色也变了！

如果怕生吃的话，直接放入烤箱（以180℃度烤10～15分钟）烤也很好吃哦！

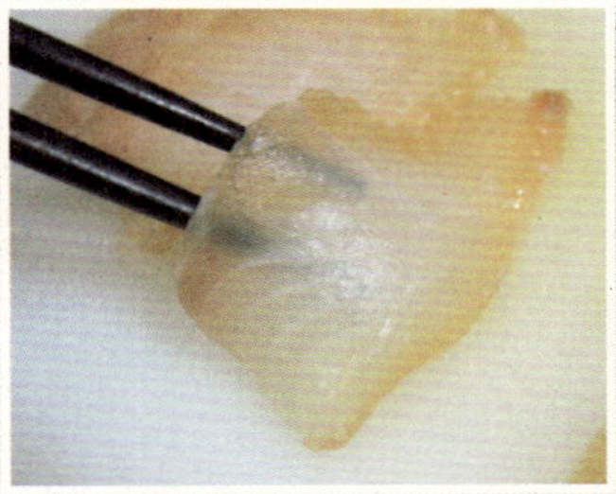

9 因为这种鱼的口感比较脆，要切薄一点。

腌好后的鱼肉变成琥珀色！漂亮！

10 准备配菜。洋葱逆纹切薄片，用水泡一下。

洋葱逆纹切，用水泡可减轻洋葱的呛辣味。

11 洋葱捞出后与切丝的紫苏叶，拌一下。

如果没有紫苏叶，改用香菜，罗勒也很好吃！♪

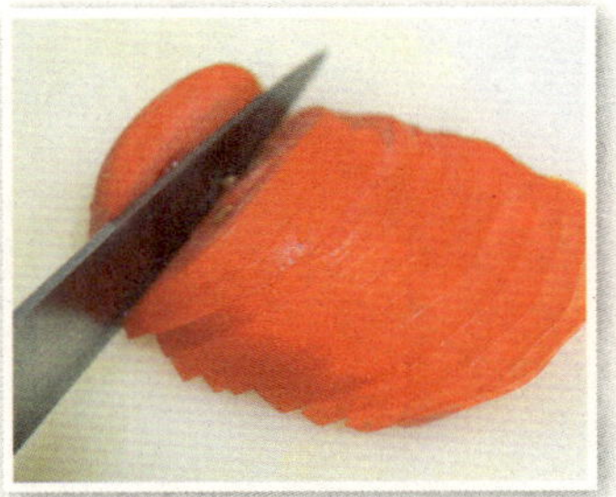

12 番茄切薄片。

13 把“酱汁”材料混合好，配菜和鱼在盘上摆放好后，再淋上酱汁。

Crispy Noodle Pizza
with seaweed & fish

2人份

叭哩叭哩 面线海苔和 小鱼比萨

哎！好久没设计食谱了！真不好意思，因为我还在准备东西中。但是，不管我在做什么，一定要挤出时间来，跟大家分享料理！

暑假快结束了，以前小时候常听妈妈说：“啊！暑假终于结束了，你们（我和哥哥）赶快回去上课（很开心的样子）。”意思是，暑假一直在家，妈妈就要照顾我们会很累……有时候我们吵架，妈妈更累……开学后，我们一大早就出门了，下午四五点才放学回家，妈妈一整天都很轻松！请别误会，我们都收到妈妈很多的爱！

我的重点是，暑假快结束了，我想介绍一道很简单的点心！可以当做小朋友的下午点心或大人晚上的下酒菜！让我们开心做一做，享受最后的假期吧！

Ingredients

[材料]

- 挂面 thin noodles——1把
- 比萨起司——80g pizza cheese (mozzarela)
- 海苔片（大）seaweed——2张
- 银鱼——40g white bait fish
- 橄榄油 olive oil——2小匙

[蘸酱]

- 酱油 soy sauce——50mL
- 味霖 mirin——50mL
- 白砂糖 sugar——1小匙

1 挂面煮得比平常硬一点。

因为我想要脆脆的口感，所以煮的时候不要煮太软。

叭哩叭哩就是脆脆的意思。

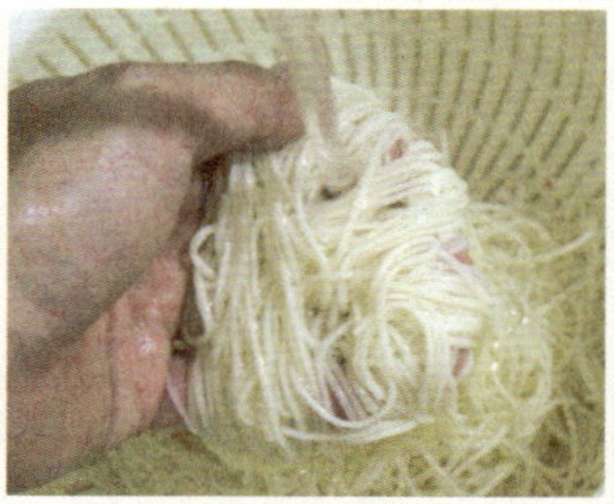

2 煮好的面，放到流水里去冲，冷却后，放在笊篱里沥去多余的水。

延伸菜单 P.42 简单快速！多彩口味迷你比萨

3 准备好的面放入盆里，然后加入比萨起司、银鱼。

如果想要做素食料理的话，就不用加银鱼！加烤好的杏仁片也不错！

4 海苔片用手撕成小片，放入盆中。

海苔片用剪刀剪也很快。

5 面中加一点橄榄油。

加入一点油分比较好拌，但不可加太多。

6 拌匀，确认所有的材料都已混合好。

7 直接放入（不用加油）平底不粘锅上，用锅铲压扁，使其平均散开。

一次不一定要加很多，可以做小小的！这样子应该比较好处理。为什么？继续看就知道了。

continue→

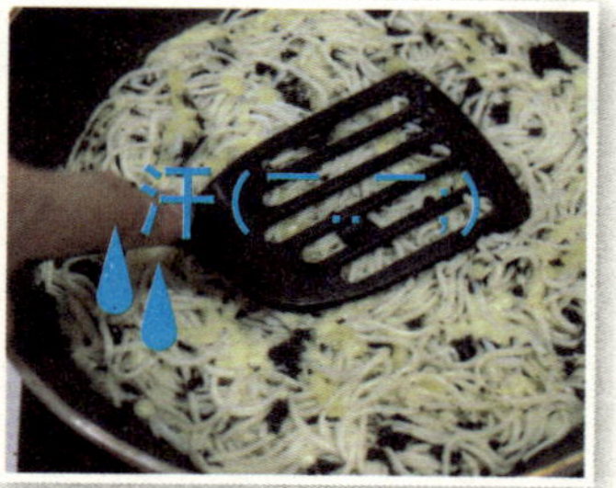

8 咦？同样的图片！不是贴错了吧？没有，是因为我把它冷冻了

9 所以，先拿出来盘子，把步骤7滑到盘子上面。

10 然后，锅扣过来，右手拿盘子。

不好意思！一个人拍照没有办法清楚示范。

那只是我的借口，作为厨师的我当然有方法喽！直接翻锅就好了。但是，关于大家的“愉快”、“安全”，我还需要调整烹调方式！

11 然后，把锅和盘子颠倒过来，盘子拿掉。

小心！盘子烫！注意左手中的锅的边缘，不要被烫到！

12 来看看，嗯，没问题！

13 完美主义的我，一定要把这个食物做得很美的、扁扁的样子！先把铝箔纸盖起来。

14 找一个大小适合的锅从上面往下压，定型后把铝箔纸拿掉，用小火继续煎。

如果觉得麻烦，跳过这个步骤也可！

15 煎一段时间后，如果还不够脆，我想到还有一个方法，就是在锅下面铺架子，让锅离火远一点煎。虽然火设定的最小，但还是有可能会烤焦。

或者很简单地，放入烤箱里继续烤也可以！

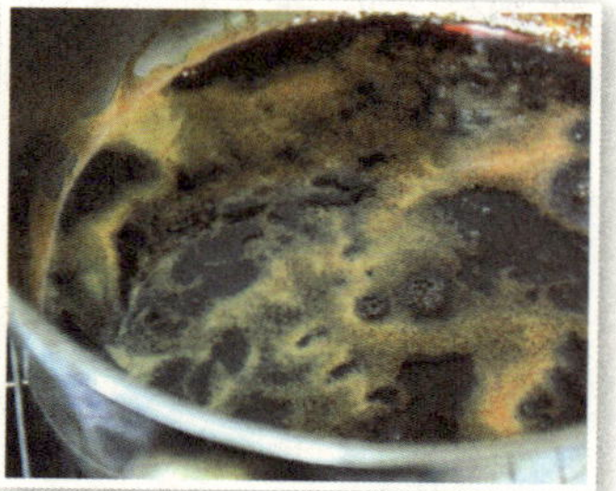

16 差一点忘记写蘸酱！将“蘸酱”的材料倒在锅子里煮到稍微浓稠。

将挂面比萨切片，装盘后淋上去或装小碗里放在旁边也可以！

Raku-Raku Easy Bento/Lunch Box
Hamberg steak & Breaded deep-fried Prawns Bento
Super easy Pork ginger Bento
Soy bean Sushi + Color full Bento
Sushi & Teriyaki Chicken Bento
Soy sauced Chicken cutlet with Takana Fried rice Bento
DIY Curry & Tuna salad Sandwich Lunch pack
Succor Bento
Pasta omelet & Bacon rolled Scallops Bento
Stainless steel lunch box-Keema Curry Bento
Stainless steel lunch box-Kimchee & Beef-Don Bento
Tomato sauce Hamburg steak with rolled Omelet rice
Miso flavored Salmon & Sesame miso sauce green beans & Seaweed Rolled Egg

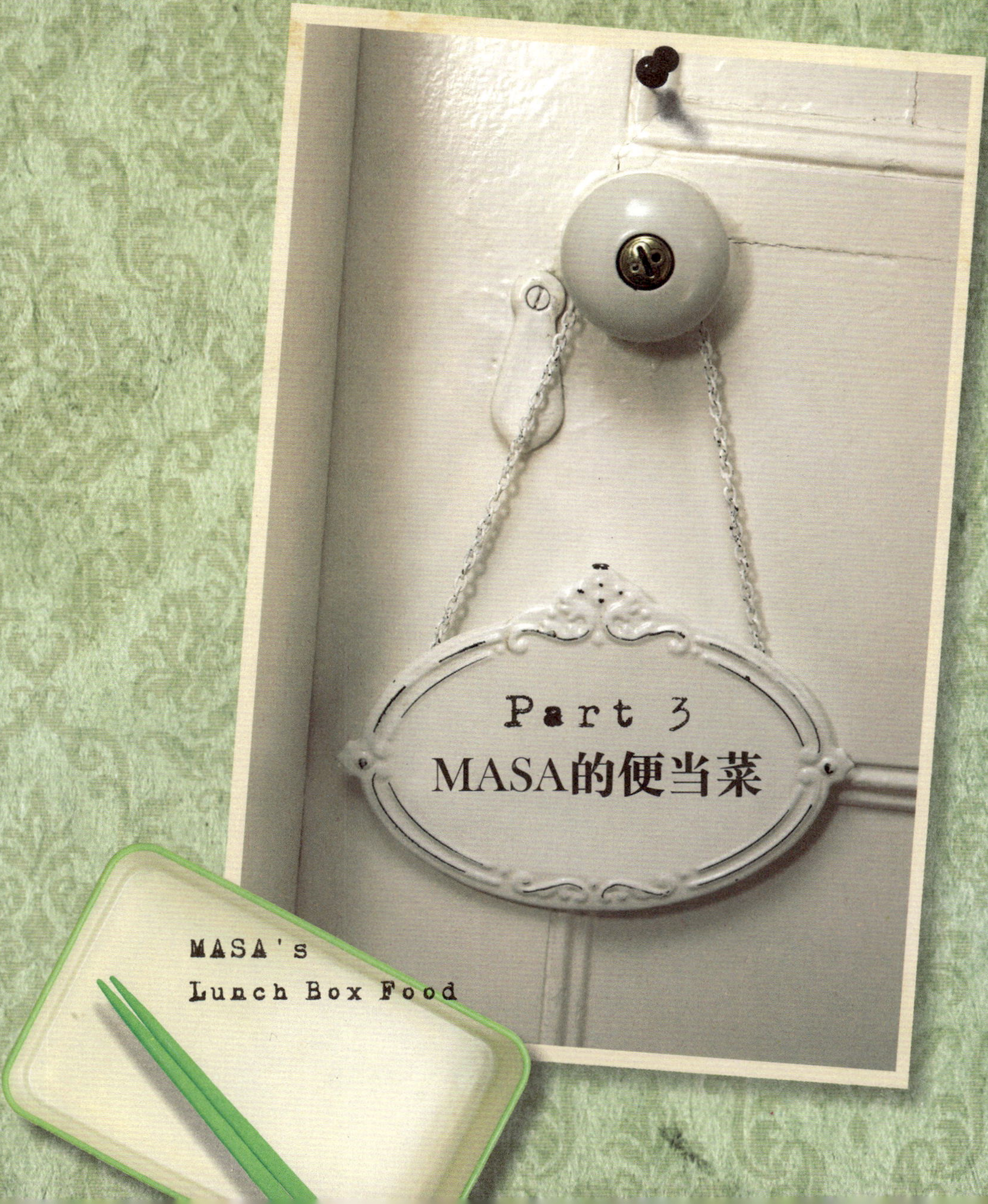

Raku-Raku Easy Bento/Lunch Box

MASA的 乐乐日式便当

很多人要求我介绍一些做好便当的好方法。

现在终于要开始介绍了！但我不想随便做一做就介绍给大家，因为我想要设计比较实用的内容和以后做便当比较轻松的秘诀。来！我们先一起看看“MASA的乐乐便当三秘诀！”

MASA的乐乐便当三秘诀!

做便当的时候先好好计划。你晚餐（早餐、午餐也是）煮菜的时候，另外需要计划便当的分量。比方说：做汉堡肉，你可以做多一点，放在冷冻库，青菜先多烫一点冷冻保存，米饭也是。这样你会省去很多精力、时间。

这里有
秘诀1

秘诀1：便当的黄金组合!

每天早上，是不是常常很烦恼地想：便当盒里面要放什么东西？

要记住一个简单的公式：饭、面＋主菜＋两种配菜

例：饭团＋汉堡肉＋西兰花＋胡萝卜。组合是无限的!

如果，你在脑海中一直记住这个公式，以后就不会再烦恼想快餐盒里需要放什么东西了，当然不一定要做两种配菜，觉得一种就够的话也没有问题。

秘诀2：凉着也好吃!

我第一次看到台湾人拿铁制饭盒时，大吃一惊！包包里已经有很多东西，还要带铁制饭盒！会不会太重？因为台湾的学校有给饭盒加热的服务!

这里有
秘诀2

日本人没有自己给饭盒加热的习惯。当然，在便利店买的话便利店会给加热。所以需要想到的是做好吃的饭菜，菜凉着吃也是很好吃的。

1. **材料先腌（入味）一下。**→只要入味，凉着吃就可以享受味道。
2. **用浓稠一点的酱。**→有的材料（如糖类）凉时会变稠，会沾到肉、鱼的表面。
3. **不要用太多会凝固的油分。**→冷却后口感不好。
4. **选择含有多种口感的食材。**→脆脆、酥酥、松软的口感是一种享受!

秘诀3：懒惰！节省厨具、节省劳力!

做便当已经很忙，尽量不要洗太多东西！

这里有
秘诀3

1. **用小一点的锅，并用很少的油炸。**→如咖喱可乐饼，不需要用很深的油炸锅。
2. **用一个大平底锅，把不一样的东西放在一起煎。**→例如煎汉堡肉时，可同时在一旁炒青菜。
3. **利用以前准备好的东西。**→如冷冻好的茄汁酱、烫好的青菜。

多一个了!

这里有
秘诀4

秘诀4：健康!

不论你做出来的料理多美丽、美味，但最重要的是卫生！

1. **认真烹饪！**→肉、鱼都要全熟，尤其是绞肉、蛋类，特别要小心！如果用昨天晚餐的剩菜，必须再加热，冷却好之后，才能装进便当盒。
2. **去掉多余的水。**→煮有汤、酱汁的东西，最好不要从锅里直接放进饭盒。必须先放在盘子上，等它冷却之后再装。
3. **完全冷却再开始装。**→如果东西还是热的，直接放进便当盒，会产生蒸汽。它会流汗，东西就会很快坏掉!

PS：后来发现秘诀不只三个，想想还有几个吧!
（小编：P.125又发现一个秘诀）

Hamberg steak & Breaded deep-fried Prawns Bento

汉堡球和日式炸虾便当

1人份

参考前面做便当的秘诀，我设计了一种小朋友和大人都可以接受的便当！有肉、有海鲜，还有很多菜！步骤不会复杂。那么，不用写太多，赶快来看是怎么做的吧！

Ingredients

[肉丸]
洋葱（ ——1/4个
chopped onion
面包粉 bread crumbs——2大匙
牛奶 milk——2.5大匙
绞肉（猪）——400g
ground meat
盐、黑胡椒粉——少许
salt & black pepper
鸡蛋 egg——1个
番茄酱 ketchup——1大匙

[肉丸酱汁]
鸡汤（水+鸡汤块）——50mL
chicken broth
番茄酱 ketchup——2大匙
酱油 soy sauce——1/2大匙

[即席日式炸虾]
鲜虾 prawns——2只
面粉 flour——2大匙
鲣鱼粉——1/4小匙
bonito powder
水 water——2大匙
面包粉 bread crumbs——4大匙

[炸虾酱]
蛋黄酱——1/2大匙
mayonnaise
番茄酱 ketchup——1/2大匙

[配菜]
四季豆（烫过的）——2根
blanched green beans
培根 bacon——1～2片
胡萝卜 carrots——1/2条
白砂糖 sugar——1/2小匙
奶油 butter——1/2小匙
盐 salt——少许
菠菜（烫过的）——30g
blanched spinach
鸡蛋 egg——2个

[其他]
米饭 steamed rice——100g
芝麻 sesame——少许
梅子 ume-boshi——1个

1 洋葱先炒好，冷却。在面包粉里加入牛奶，先让它吸收水。绞肉加盐，用手搅拌好后，把“肉丸”剩下的材料放进去搅拌好。

2 手上涂油，绞肉做成球形。放在盘子上。

步骤和汉堡肉一样，这次绞肉里我加了番茄酱，还记得便当秘诀吗？秘诀2，先入味。

3 多做一点，保存在冷冻室里，下次再用。

延伸菜单 P.142：茄汁煮汉堡肉和“酷鲁酷鲁”蛋包饭

4 加一点油，用中火开始煎，变色后翻面。

5 表面全部变色，熄火，用纸巾擦掉多余的油。

里面还没熟，没关系，这个步骤的目的是是煎外面，封住肉汁。

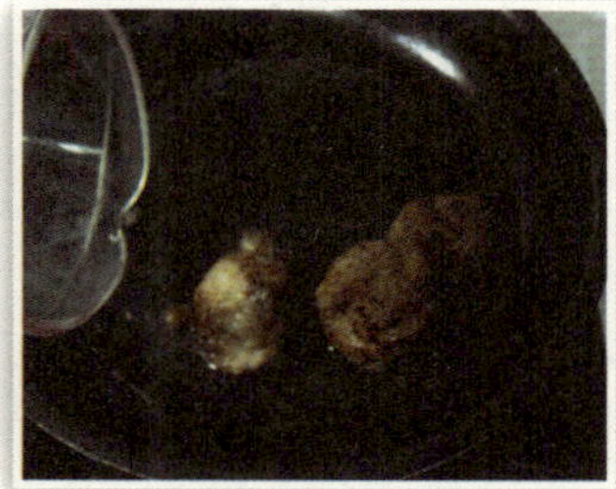

6 接着制作肉丸酱汁。将鸡汤放入锅里，用中火开始煮。

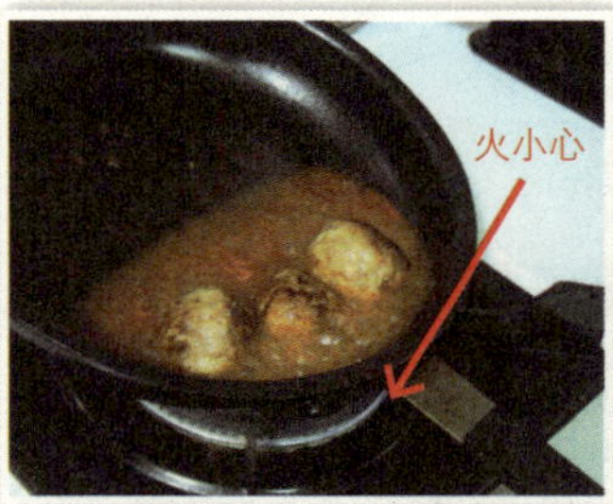

7 加入番茄酱、酱油，煮至酱汁浓稠。

8 放在盘子上冷却。

如果煮的东西很少的话，像图片一样，把锅斜着放。

注意把手部分，以免烫伤！火不要太大！将肉丸冷却后再装入饭盒里。

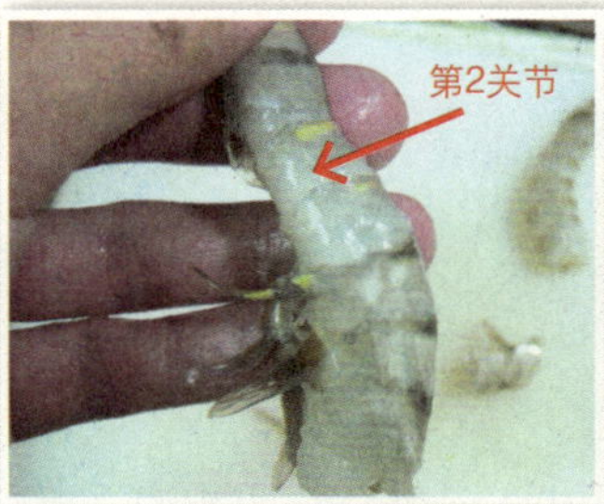

9 鲜虾拿掉头，保留尾巴，从第二关节拔掉壳。

10 放在纸巾上吸收多余的水。

continue→

11 做面糊。面粉中加一点鲣鱼粉，慢慢加水，搅拌均匀。

12 大概比番茄酱稠一点就好了。

面衣也要入味。一般沾面衣时时候还要裹蛋液，这次我没有用。用很少的量时可快速做，可以略过裹蛋液的步骤。省钱，省时间！

13 沾面糊，抖掉多余的面糊。

14 放在面包粉里。盖起来，轻轻压下去，在手上修整形状。

15 放在盘子上。

面糊太厚会不好沾粉。做多一点，可以冷冻保存！

16 沾好面衣，锅里加一点油（约1cm），先炸一面，炸到金黄色时再翻面炸另一面。

17 炸好之后，放在纸巾上吸收油分。

18 锅里放入切片的胡萝卜，加一点水与奶油、白砂糖、盐，用中火开始慢慢煮煮。

19 水滚后，用烘焙纸或锡箔纸盖起来，用小火继续煮。

为什么要盖起来？因为水很少，以免太快把水蒸发掉。也可用微波炉煮。这个也可以多做一点，冷冻起来！

20 四季豆切成三等份。用培根卷起来，用牙签固定。

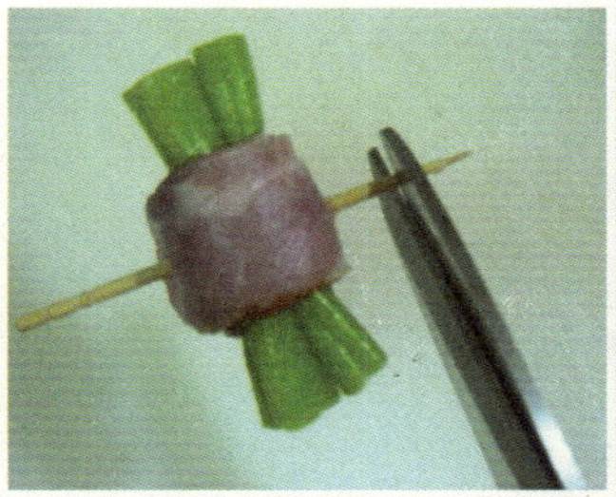

21 可以剪掉牙签的尖的部分。以免小朋友吃的时候会开心地跑来跑去而不小心被刺到！

22 锅中放一点油，放入培根煎熟。

23 鸡蛋和烫好的菠菜中加一点盐，搅拌均匀。

24 锅中放油，加入步骤23，快熟时从旁边折起来，做成四方形，翻面煮到熟。

25 用纸巾吸掉多余的油分。

确认鸡蛋已熟！

26 饭盒里装好米饭，冷却后撒一些芝麻，中间放梅子。

27 确认东西都冷却。就可以开始装进饭盒了！菠菜鸡蛋饼切成适合吃的大小后再装。

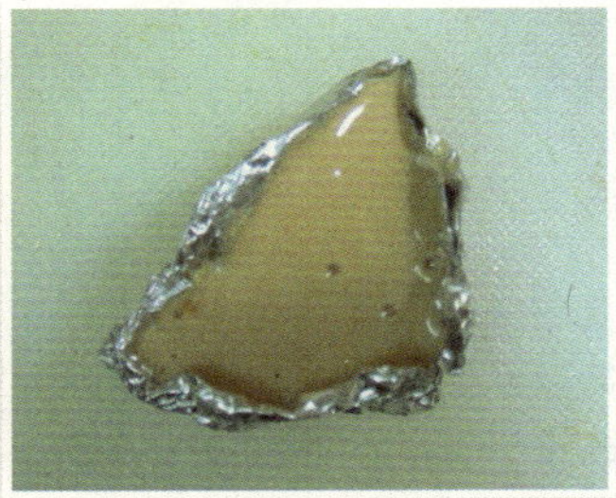

28 用锡箔纸做成三角形的杯子（四方形便当的角落）装炸虾酱（蛋黄酱、番茄酱相混合）。

Super easy Pork ginger Bento

超简单 姜烧猪肉便当

1人份

我非常非常爱吃姜烧猪肉！做法很多，每家都有不一样的做法。直到现在，我还在研究要怎么做更好吃的“姜烧猪肉”。学生时代（那是好久以前的往事了），妈妈会帮我做便当，只要早上拿便当时闻到姜烧的味道，就很开心！上课也无法专心，几乎都无法忍到午餐时间！这次我想跟大家一起享受MASA的姜烧猪肉便当！里面放入丰富的肉，把米饭全都盖住——非常豪华的便当！但由于有的猪肉很硬，所以我想介绍一种简单的方法，让很硬的肉产生比较嫩的口感！

Ingredients

[材料]

- 猪里脊 pork loin——2片（如果不吃猪肉，可以用鸡胸肉）
- 茄子 eggplant——1/2条
- 豌豆荚——5～6片 green beans
- 奶油 butter——适量
- 鹌鹑蛋（煮熟）——2个 quail egg
- 米饭 steamed rice——1碗
- 苹果 apple——1/4个
- 姜泥——15克 ginger paste
- 蒜泥——1/2小匙 garlic paste
- 酱油 soy sauce——3大匙
- 清酒 sake——2大匙
- 味霖 mirin——1大匙

1 苹果、姜，用磨泥板磨成泥。

没有磨泥板？没关系，用果汁机打也可以！

2 磨泥板上面很难取净，剩下的用清酒冲下去！

3 加入蒜泥、酱油、清油、味霖。

苹果不只能增加一种自然的甜味，苹果里的酶可以把肉变软。

4 切断猪里脊的筋。

延伸菜单 《在厨房遇见MASA》P.80：健康！幸福！无油炸猪排

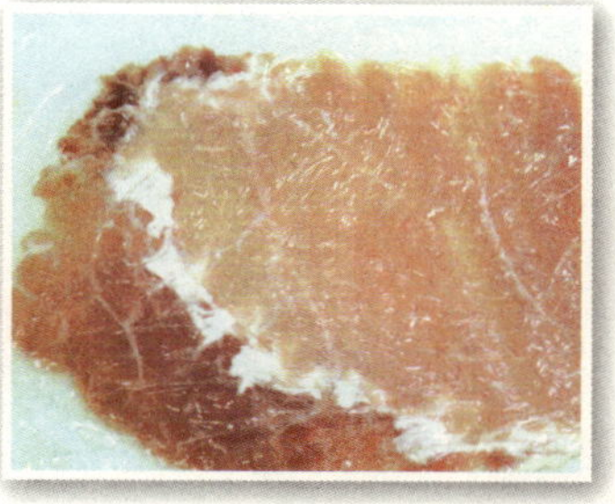

5 用保鲜膜盖起来，用棒子或瓶子敲打。

6 变这么大！把肉的组织完全打碎掉！

7 切成合适大小。

鸡胸肉也可以用一样的方式！

8 肉放入步骤3的腌酱里面10～15分钟。

腌多一点放入密封袋子里冷冻起来。下次解冻后直接炒也很好！

9 去掉豌豆荚的蒂和筋，焯一下。

10 奶油放入锅中，融化后放入豌豆荚一起炒，最后淋一点酱油。

可以多烫一点，放在冷冻室里也可以！

11 茄子切一半，中间再切三四刀。

12 加入油，温度升高后再慢慢加入茄子。

用P.30步骤4中介绍的那种塑料瓶子，油的量比较好控制！可避免倒得太多！

13 锅加热，再加入腌好的肉。不要搅拌，等到肉变成金黄色时再翻面。

最好把肉一层一层排好。像煎牛排一样。让酱稍微焦一点才比较香！

Soy bean Sushi + Color full Bento

豆皮寿司 +彩色便当

1人份

现在我要介绍日式炒面。夏天的时候，在夜市上有很多卖小吃的，如章鱼丸、大阪烧与烤乌贼等。日式炒面可以说是最普通的“夜市”料理吧！在家里也可以做！只是每家的做法稍微不一样。日式炒面不但可以放在便当里，而且凉着吃也好吃！我特别喜欢用豆皮做开放式豆皮寿司，小朋友也会爱吃！便当盒的另外一边，我设计了很鲜艳的便当！当然，之前设计过的食谱里有很多适合做成便当菜的。我来调配给大家看！

延伸菜单

《在厨房遇见MASA》P.150：纯日式家庭料理——炒牛蒡丝

Ingredients

[日式炒面]

- 豆皮 seasoned tofu skin——3个
- 油面 shang-hai noodles——1/2包
- 梅花肉 sliced pork——2～3片
- 卷心菜 cabbage——1～2叶
- 洋葱 onion——1/4个
- 胡萝卜 carrot——1/4条
- 清酒或水 sake or water——1大匙
- 酱油 soy sauce——1/2大匙
- 猪排酱 tonkatsu sauce——1/2大匙
- 蛋黄酱 mayonnaise——适量
- 海苔粉 ground sealoeed——少许

[金平牛蒡＋牛肉]

- 牛肉（薄切）sliced beef——3～4片
- 牛蒡 burdock root——100g
- 酱油 soy sauce——1大匙
- 味霖 mirin——1大匙
- 香油 sesame oil——1/4小匙

[配菜]

- 土豆 potatoes——1～2个
- 鸡蛋 egg——1～2个
- 蛋黄酱 mayonnaise——1～2大匙
- 盐、胡椒粉 salt & pepper——各适量
- 绿色蔬菜 green vegetable——适量

1 土豆切小块，跟鸡蛋一起从凉水开始煮，水沸以后，用中火继续煮（约15分钟）。

原本土豆是带皮煮，但是需要煮很久，切小块，跟鸡蛋一起煮可以省时间、煤气！记得，鸡蛋壳要先洗干净，再放入水里。

2 15分钟后，鸡蛋全熟了，土豆也熟（软）了，把水倒掉。鸡蛋放入凉水里冷却。

如果土豆还没熟，鸡蛋先捞出来放入凉水里冷却。土豆继续煮到软。

3 煮好的土豆放在盆里，用棒子或像图片所示随便找个底平的瓶子，下面用保鲜膜和橡皮筋绑起来，打碎土豆。

土豆刚煮好，马上弄比较容易打碎。不需要打得很细，保留一块块的口感比较好。

4 加煮好的鸡蛋，用木头汤匙拌一下。冷却后加蛋黄酱、盐、胡椒粉。

记住：材料先冷却后才加蛋黄酱，否则，它会融化而使油分溢出来。

5 锅中加入绿色蔬菜炒一炒，好了放着冷却。

6 做日式炒面。

注意！因为面要包在豆皮里面，如果你用已经入味的豆皮的话，面的味道淡一点比较好。

7 炒面冷却后，放在豆皮里面。装在便当盒里后，淋上猪排酱、蛋黄酱、海苔粉（不淋也可以）。

如果豆皮很容易破掉，可以装好后再放入面。

8 做金平牛蒡＋牛肉。请参考《在厨房遇见MASA》P.150纯日式家庭料理——炒牛蒡丝，步骤7时加牛肉一起炒，确认准备好的料理已完全冷却后，装在便当盒!

像这些料理，凉着吃也很享受。豆皮、土豆沙拉、牛蒡它们都是吃冷的。看看有什么料理凉着也好吃的都可以作为便当菜。现在天气越来越热，热的东西直接装，很容易坏掉，所以要冷却后再装。希望大家吃得开心，吃得健康!

Sushi & Teriyaki Chicken Bento

日本寿司和照烧鸡肉便当

1人份

暑假过的怎么样呢？希望大家玩得开心！学生、小朋友，还有剩下大概半个月的假期。去公园、海边，吃野餐是非常好的活动！我自己比较少去。(*￣▽￣*)我这次想要介绍一种我最喜欢的寿司——加州卷！卷寿司本来需要用“竹帘”，但用这种方式也可以做翻转寿司。来看看我怎么做简单的寿司便当吧！

Ingredients

[简单加州卷]

- 寿司饭 sushi rice——1碗
- 海苔片 seaweed——1/2片
- 白芝麻 white sesame——少许
- 蟹肉棒 crab cake——2～3个
- 黄瓜 cucumber——1/4根
- 蛋黄酱 mayonnaise——1小匙

[照烧鸡肉]

- 鸡腿肉 chicken thigh——1片
- 酱油 soy sauce——1大匙
- 味醂 mrin——1大匙
- 清酒 sake——1大匙

[酸凉拌]

- 黄瓜 cucumber——1/2根
- 海带 wakame——1大匙
- 蟹肉棒 crab cake——2～3个
- 醋 vinegar——1大匙
- 白砂糖 sugar——2小匙
- 酱油 soy sauce——1/2大匙

[炒百菇蛋]

- 鸡蛋 egg——2个
- 金针菇 ——1/4包 enoki mushrooms
- 蟹味菇——1/4包 shimeji mushrooms
- 奶油 butter——1/2小匙
- 酱油 soy saule——少许

1 准备好寿司饭。步骤请看P.83步骤1～3。

2 将黄瓜切薄片。如果不习惯切薄片，用削皮器切！

延伸菜单 《在厨房遇见MASA》P.84：国际化的日本料理——照烧鸡肉

3 再切成丝。

切成粗条也可以。

4 海苔片撕一半。

如果你买的海苔片已经湿掉，请参见P.191步骤10。

5 在海苔上面，将米饭大概码五六个小堆，少量分开放。

为什么这样放呢？如果你不习惯，这样铺在黏黏的寿司海苔上面的话，会花很多时间，不要一次中间放很多饭，摊开的时候会包不起来。

6 手上涂一点寿司醋或水，把饭平均摊开，撒上白芝麻。

7 撕一张保鲜膜，将步骤6的材料翻过来放。

8 在海苔上放切好的黄瓜丝、蟹肉棒、蛋黄酱。

加州卷，本来想放鳄梨，这次是做便当用的，鳄梨放置太久容易变色，所以没有放。如果一定要放，当然可以！视你住的那个地方的情况而定！

9 用保鲜膜卷起来。

10 侧面，像糖果一样卷起来。

continue→

11 连保鲜膜一起切开。

连保鲜膜一起切，装在便当盒里的时候也不要拿掉，吃的时候才不会粘到手！

12 黄瓜切薄片，撒一点盐（图片上撒的太多！）拌一拌，放置一会儿让它出水。

13 海带泡一下。

14 泡好以后，用沸水焯一下，然后用凉水冲。

为什么泡好后还要焯呢？焯了以后比较好去掉水。冲水不要太久，海带还会吸收水。凉后马上拿出来！

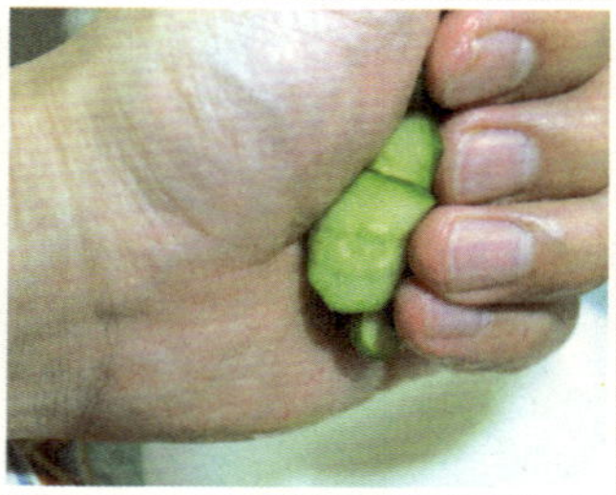

15 挤一下，把小黄瓜多余的水挤出来。海带也要挤一下。

16 在碗里面放入蟹肉棒，加入醋、白砂糖、酱油拌匀。

17 照烧鸡肉的做法请参考《在厨房遇见MASA》P.84国际化的日式料理——照烧鸡肉。

做好放在旁边冷却。

18 把金针菇与蟹味菇切小块，锅里放入奶油，融化后，再将菇类放进去炒一下，加一点酱油。

19 放入搅拌好的蛋液，再炒一下。

本来可以做成半熟的炒蛋，但是做便当用的，一定要熟透！

Soy sauced Chicken cutlet with Takana Fried rice Bento

酱油渍炸鸡的雪里红炒饭便当

1人份

不知道大家是否听说过高菜炒饭，就是用高菜做的炒饭。我特别喜欢用高菜做的料理，但离开日本之后很久没吃了。后来到了台湾，看到“雪里红”，哇！它很像我爱吃的那种！就试试看！嗯，很好吃！口感脆脆的，有一点苦苦的，很像高菜的样子！发现这种食物后我曾做过一些料理。这次我一定要做雪里红炒饭的便当，因为雪里红是泡菜，所以吃凉的没有什么问题。炒过的饭，金黄色的炒蛋，有一点焦的酱油香味跟雪里红搭配太棒了！还有我做了酱油腌的炸鸡，非常嫩的鸡肉含有酱油味道的肉汁！外面还是酥酥的样子……（写这篇文章时让我肚子又饿了）……不要再写了……反正大家试试看！做法简单，你不会后悔！

延伸菜单
《在厨房遇见MASA》
P.69：恶魔风香草脆皮鸡腿肉

Ingredients

[日式炸腌鸡肉]

- 鸡腿肉 chicken thigh——1片
- 酱油 soy sauce——2大匙
- 味霖 mirin——2大匙
- 清酒 sake——2大匙
- 姜末 ginger paste——少许
- 面粉 flour——适量
- 鸡蛋 egg——2个
- 面包粉 bread crumbs——适量

[酱油煮菇]

- 蟹味菇 shimeji mushrooms——60g
- 水 water——80mL
- 蚝油 hondashi——1/4小匙
- 酱油 soy sauce——1小匙
- 味霖 mirin——1小匙
- 白砂糖 sugar——1/2小匙

[雪里红炒饭]

- 米饭 steamed rice——1碗
- 雪里红 pickled jie-lan——60g
- 鸡蛋 egg——1个
- 酱油 soy sauce——少许

*要看你用的雪里红的咸度！

1 把“日式炸腌鸡肉”的调味料全部混合在一起。

2 鸡腿肉去骨头，切断筋。

3 处理好的鸡肉放入腌酱里腌10～15分钟。

4 我买的“雪里红”，我觉得与日本的高菜很像。

5 先试吃，觉得太咸，就冲一冲，洗掉盐分。

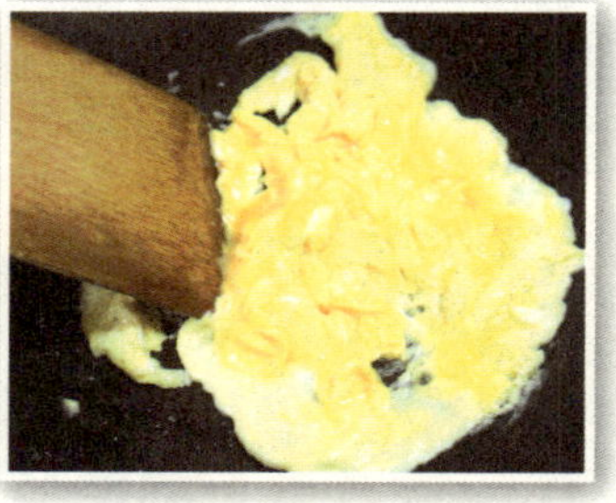

6 锅里加色拉油，加热后再加入蛋液搅拌一下让它吸收油分。

7 放入米饭，稍微压一下让饭粒吸收鸡蛋的油分。

先让鸡蛋吸收油，再加入米饭搅拌，油分会平均散开。

8 放入雪里红炒一下。

9 如果咸味不够，可加入一点酱油，从锅侧面加进去。

从锅侧面加入会有酱油的焦香味！

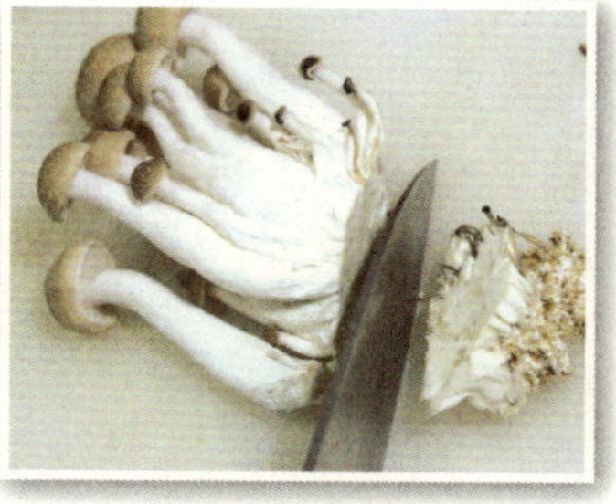

10 将蟹味菇的根部切掉，用手撕开。

11 放入锅里，加入“酱油煮菇”剩下的材料，用中火煮。

12 煮到蟹味菇变软，水变少，熄火。

13 腌好的鸡肉沾面粉，拍打掉多余的面粉。

沾粉时，用高筋面粉能比较均匀地沾在肉上。

沾了太多面粉，等一下炸的时候容易掉下来。

14 沾上蛋液，同样不要沾太多。

15 最后沾面包粉，稍微压一下确认面包粉已粘住。

多做一些，可以冷冻起来，要用的时候拿出来可以直接炸，很方便!

16 锅里放一点油（1～2cm），加热（170℃）后，先单面炸，再翻面继续炸到呈金黄色。

这样不会用很多油!

料理的知识： MASA的乐乐便当秘诀

秘诀5：重视视觉的呈现

让我们来当个艺术家! 便当也要好好装饰，当你工作、读书很累，中午吃饭时，至少要有些许的幸福感，打开便当盒后，哇……好幸福的感觉。若不知道便当里放的是什么东西时，先想出各种颜色的食材也是一种好方法哟!

这儿有每种颜色的代表选手!

◎红色： 胡萝卜、红甜椒、番茄……
◎绿色： 菠菜、四季豆（豆类）、西兰花……
◎黄色： 鸡蛋、玉米、甘薯……
◎白色： 米饭、蛋清、土豆……

DIY Curry & Tuna salad Sandwich
Lunch pack

超简单!自制咖喱和金枪鱼三明治袋

2人份

延伸菜单
《在厨房遇见MASA》
P.70：咖喱奶酪炸鸡排和茄汁酱

早上有料理课，很早起床，去教室的路上有一点冷，看天空云很多。心情感觉有点郁闷……

睡眠不足，但我又有很多事情要做。开始准备东西时，学生们陆续走进来，看到大家开心的脸，我已经清醒了，人也变得很开心！教学的时间非常快乐，不知不觉时间就过去了，等同学们都走了，打开窗户，哇！太阳出来了！深呼吸一下，非常非常舒服！每次上完课都很有成就感！(´▽ `)/～♪最近天气很好……

看到这样的天气，我好想去野餐。以前住在加拿大的温哥华时，有时候会做些简单的便当带着去英吉利湾，直接躺在草地上，看一整天书，感觉非常舒服。这次我想介绍一种最近在日本非常受欢迎的食物，里面有多种馅料。不仅有咸的，也有甜的。台湾也有卖的，其实步骤不是很难，可以自己做。来！先看看是怎么做的，然后自己做吧！

Ingredients

[咖喱]

猪绞肉（牛肉，鸡肉也行！）ground pork——200g

胡萝卜（切丁）carrot——45g

洋葱（切丁）onion——1/2个

土豆（切丁）potato——80g

盐、胡椒粉 salt & pepper——适量

面粉 flour——1大匙

咖喱粉 curry powder——2～3大匙

水 water——200～250mL

酱油 soy sauce——1/2大匙

鸡汤粉（不加也可以）chicken broth powder——1小匙

吐司 sandwich bread——12片

人造奶油或奶油 margarine or butter——适量

[4人份金枪鱼]

水煮金枪鱼（罐头）boiled tuna can——1罐

蛋黄酱 mayonnaise——2大匙

盐 salt——适量

胡椒粉 pepper——适量

黄瓜 cucumber——1根

1 平底锅加热后，放入猪绞肉，中火煎到表面呈金黄色。

猪绞肉放入以后不用一直搅拌，像煎牛排一样，让它稍微焦些才比较香。还可以去掉猪绞肉的腥味！

2 加入切丁的菜。

用什么菜都可以，菇类、豆类都行！

3 菜炒到有一点透明后加盐。

4 加入胡椒粉、面粉，再加入咖喱粉，炒至香味出来。

面粉会粘住锅底，所以要用木头汤匙刮好锅底哦！

咖喱粉有很多牌子，味道稍有不同，台湾的、泰国的，哪里的都可以！依你习惯的味道而定。

5 全部混合均匀后加入水。

先加入200mL左右的水，如果不够再加。

continue→

6 再加入酱油、鸡汤粉（不加也可以）。

7 用小火慢慢煮到菜熟透。

如果菜还没有熟，咖喱又太干的话，可再加一些水。

8 菜已经收汁了！把它煮到有一点黏黏的样子。

如果咖喱酱太水，用吐司装的时候吐司会很快变湿！

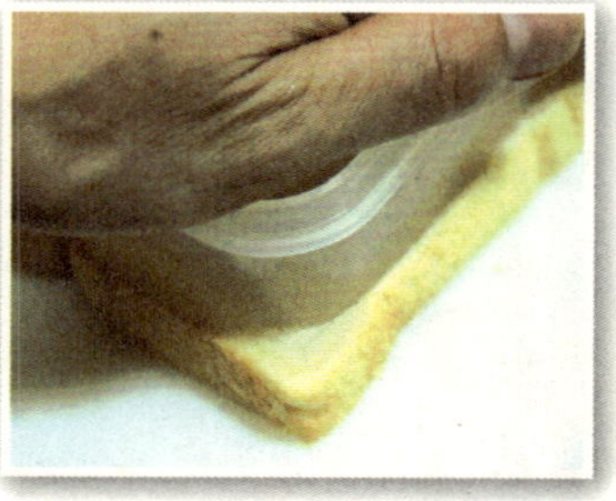

9 找一个比吐司小一点的盒子，用这个盒子从吐司中间压一下，让它凹下去！

10 涂一点人造奶油或奶油。

吐司表面涂一点油分预防其吸收水。

很重要！旁边不要涂，不然吐司会封不起来！

11 放入适量的咖喱馅。

不要放太多，否则就不好包了。

12 用另外一片吐司盖起来。

13 用盒子把边缘压好，确认吐司已封好。

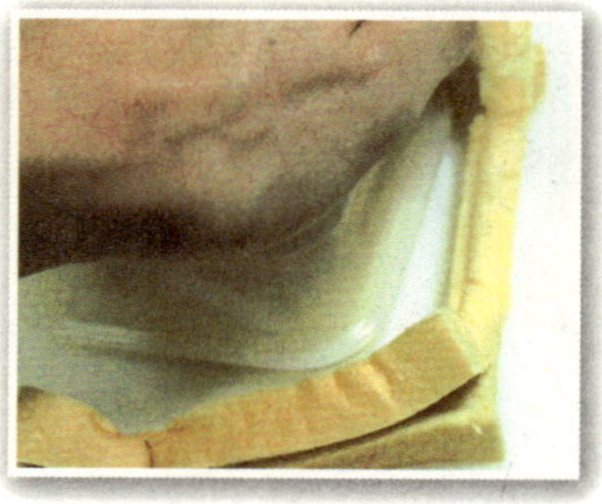

14 继续压下去，把旁边的吐司去掉。

15 成功了！欠完美？看，发现还有没封好的地方！

16 没关系，用筷子夹好就可以了，用手捏也行，这不是什么大问题！

17 将金枪鱼罐头里的水挤出来后，加入蛋黄酱拌匀，加入盐和胡椒粉调味。

18 步骤跟咖喱一样，重复步骤9、10之后，将切薄片的黄瓜放在面包上，再放金枪鱼，再重复步骤12、13

19 如果想要吃“热的”，表面涂一点奶油，放在平底锅中用小火慢慢煎到金黄色！

在加热的三明治袋里面加入奶酪片也蛮好吃的！试试看！

20 旁边切掉的面包怎么办？打成面包粉。

这个面包粉用起来就像普通面包粉一样！

21 打好的面包粉放入密封袋里，放入冰箱冷冻起来！

可以保存3～4周。

成功啦！看看你想要放什么，土豆沙拉、鸡蛋沙拉、红豆馅，都很好吃！运用你自己的创意，设计属于你自己的三明治袋，并出去享受阳光吧。

世足冠军纪念——必胜!足球便当

世界杯足球赛已经开始了！感觉上次才结束的样子。记得刚来台湾时，我跟朋友一起世界杯比赛。我的朋友们对所有的球赛都很熟，他们开始讨论这个话题，我却一点儿都听不懂。

后来住在国外，看到日本选手在国外比赛，我很兴奋！以前对棒球都没有兴趣，后来看棒球经典赛中同胞在非常认真地比赛，很感动！这次足球比赛也要加油！＼(>◇<)／

这次我想介绍用很多菜做的便当。为了“世界杯冠军纪念”，我设计了攻门网的装饰！

延伸菜单 《在厨房遇见MASA》
P.61：可鲁可鲁牛肉金针菇卷

Ingredients

[毛豆玉子烧]

鸡蛋 egg——**2个**

毛豆（冷冻）——**25～30g**
edamame (frozen)
*如果用新鲜的，需要先煮熟！

盐 salt——**少许**

[金平土豆]

土豆（切丝）potato——**1/2个**

培根（切丝）bacon——**1/2片**

香油 sesame oil——**1/2大匙**

白芝麻 white sesame——**适量**

酱油 soy sauce——**1.5大匙**

白砂糖 sugar——**1/2小匙**

味霖 miriin——**1大匙**

清酒 sake——**1大匙**

[猪肉菜卷]

梅花肉（火锅用）——**6片**
sliced pork

胡萝卜 carrot——**1/2根**

四季豆——**12～14根**
green beans

盐 salt——**少许**

胡椒粉 pepper——**少许**

酱油 soy sauce——**1大匙**

味霖 mirin——**1大匙**

清酒 sake——**2大匙**

[海苔便当]

米饭 steamed rice——**1碗**

调味海苔——**1包**

梅干（不加也可以）——**1个**
picked plum

1 先做“毛豆玉子烧”。鸡蛋里加入少许盐，拌一下。

2 平底锅中涂一点色拉油，开小火，加入一点鸡蛋液后马上放毛豆。

不要等到蛋液上面熟了才放毛豆，还没熟的时候放入才会黏住，当然可以用其他的菜类，如菠菜、甘薯叶都很好，要先焯一下再用！

3 从前面卷起来。

流程和做一般的玉子烧一样。

4 把它移到前面，锅底再涂一点油，中间再加入蛋液。

5 再放一点毛豆，一样从前面卷起来，重复这个动作到蛋液用完。

6 将煎好的玉子烧放在竹帘或铝箔纸上，卷起来，静置使其冷却。

卷起来的时候要把它的形状整理一下。

前一天先做好放在冰箱，隔天早上切好后再装也可以！但不要再加热！

7 接着做“金平土豆”。平底锅里加入一点香油。

8 放入土豆丝，炒到稍微变色。

continue→

9 再加入培根丝，继续炒到土豆变半透明。

土豆不要炒太久，稍微保留脆脆的口感比较好吃！

10 加入调味料，撒上白芝麻再拌一下。

原本的步骤是金平牛蒡。用其他的材料代替也好很好吃。

11 盛出，放在盘子上冷却。

这道菜也可在前一天做好放在冰箱里！这种料理不怕冷。

12 接着再做“猪肉菜卷”。胡萝卜切成粗一点的丝，焯熟；四季豆也是一样，焯熟后再放入冰水中冷却。

用芦笋也可以哦！

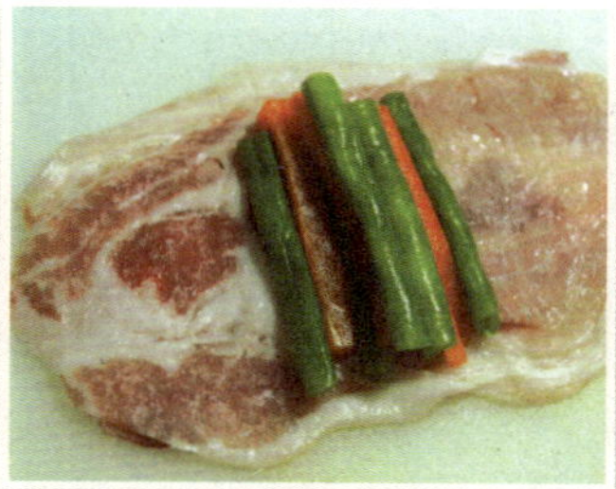

13 火锅用的梅花肉，两片肉叠放，中间（旁边一点）放刚焯好的菜。

如果没有薄肉，可以用厚肉片！先在肉上铺一张保鲜膜，再用瓶子打成薄片。用牛肉、鸡胸肉也都可以！

14 从旁边卷起来，最后再撒一点淀粉，预防煎的时候散开。

前一天做到这里，隔天早上再煎也可以！

15 表面撒盐和胡椒粉后，放入平底锅，用中火煎到呈金黄色。

16 加入其他调味料，用小火继续煮到酱料变浓稠。

17 放在盘子里冷却一下。

18 最后开始组合“海苔便当”。把半碗米饭放在便当盒里，贴上调味海苔。再放米饭，上面再贴调味海苔。

我做学生的时候最喜欢的便当——海苔便当。这次我来做两层（太高级了！）

19 再放剩下的米饭。

20 哎呀！我忘记拍照了！摆得太开心了，结果没有拍到，(一_一;)海苔剪成条贴成格子的样子，然后把一个梅子放在攻门网中间！＼(>◇<)／

你可以做很多“艺术海苔”，把海苔剪成自己喜欢的形状！最重要的是，正如我常说的，你开心就好了！ ^0^)／～♪

料理知识：如何让米饭变好吃？

我曾在书里介绍用沙锅煮米饭（参见P.46），既简单，又好吃！这次我想跟大家分享用电饭煲来做更好吃米饭的方法！ ^0^）/

秘诀1：加一点蜂蜜更好吃！

蜂蜜？对！也许你听到加蜜蜂会觉得怪怪的，但是味道的确很好！
洗好米之后，在量好的水里加入蜂蜜，让它溶化，泡米30～60分钟。比例是：米2杯、蜂蜜1小匙。不只因为有蜂蜜的甜味，蜂蜜酶还会分解米的淀粉，带出米本身的糖分！

秘诀2：加入明胶或琼胶保护米饭！

明胶或琼胶不只用在甜点上，也可以用在很多料理中。明胶、琼胶的膜会盖在饭的表面，所以有保留米饭中的水分的效果，而且颜色也会漂漂亮亮的！米3杯、明胶粉1/2小匙，或米3杯、琼胶1小匙。煮米时加进明胶或琼胶，米煮好后会有弹软的口感，用来装便当也很适合哦！

Pasta omelet &
Bacon rolled Scallops Bento

蛋包意大利面和培根干贝便当

2人份

日本有一种典型的洋食料理叫诺挞意大利面，小时候我妈妈常煮这种意大利面给我们吃。那时候没有像现在这么容易买到正宗的意大利面材料，所以只能用日本家庭中的一般酱料做，味道也很好！有时我会很怀念这种意大利面的味道。这道意大利面的步骤非常简单，用来做便当也很适合。这次我特别用蛋皮包起来，让颜色更漂亮！切开看到面感觉很开心的样子！旁边装了比较高级一点的料理，干贝用培根卷起来煎。像这样的料理，其实可以用作派对食物，我还用了一些颜色鲜艳的营养蔬菜！男女老幼都可以享受的蛋包意大利面便当！ ＼(^o^)/

Ingredients

[蛋包意大利面]

- 意大利面 pasta——100g
- 培根（切片）bacon——1～2片
- 洋葱（切片）onion——1/4个
- 鸡蛋 egg——1个
- 奶油 butter——2小匙
- 番茄酱 ketchup——2大匙
- 猪排酱 tonkatsu sauce——1大匙

*调味料的比例仅供参考，你可以依自己口味修改哦！

[干贝培根卷]

- 干贝 scallops——6个
  *便当盒里只装3片。
- 培根 bacon——3片
- 奶油 butter——2～3小匙
- 白酒 white wine——2～3大匙
- 酱油 soy sauce——1/2～1小匙
- 四季豆 green beans——3根
- 黑胡椒粉 black pepper——少许
- 盐 salt——少许

[配菜]

- 红甜椒 paprika——1/2个
- 玉米 corn——1/2条
- 橄榄油 olive oil——1/2大匙
- 酱油 soy sauce——1/3大匙
- 黑胡椒粉 black pepper——少许

1 先做“蛋包意大利面”。煮一锅水，开始煮面。怎么煮？请参考P.23步骤3～4。

2 锅里先放入一点奶油，把切片的培根炒一下，然后再加入切片的洋葱，炒到洋葱变透明。

可以加入其他的菜，菇类，根类都很好！

3 把煮好的意大利面放入锅里，再加入一点煮面用的水。

因为这种面没有汁，所以要多加一点水！

延伸菜单

P.16：滑嫩多汁！鸡排菇白酱和瞬间蛋包饭

4 加入番茄酱，猪排酱。拌一下调整味道，如果要装在便当盒的话，要待它冷却后再装。

调味料的量由你决定！喜欢甜一点，多加一点番茄酱，想要酸一点，就多加一点猪排酱。当然加入香草类也很好！

5 将蛋液煎成蛋皮，在碗里面铺一张保鲜膜，再放蛋皮。

蛋皮做法请参考P.190步骤1～3！

6 然后把炒好的意大利面放在上面。

不要放太多哦，否则不好包起来！

7 把保鲜膜束起来。

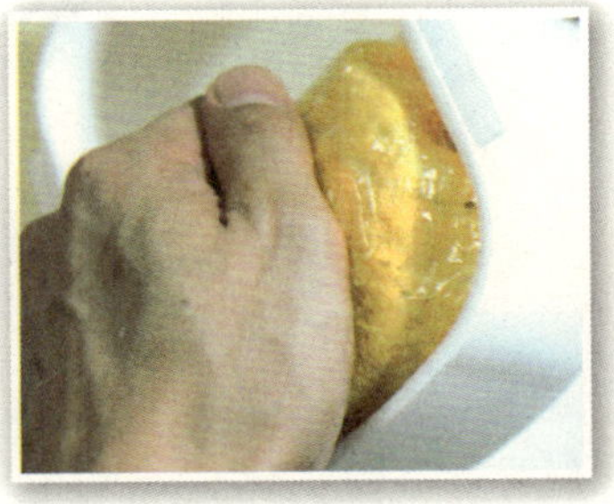

8 整个拿好，翻过来装在便当盒里面。

如果不好做，可以先把意大利面放在便当盒里，再把蛋皮铺在上面，最后将蛋皮的边缘塞进去！

9 接着做“干贝培根卷”。培根切片，把干贝卷起来。

10 培根合起来的部位跟烫好的四季豆用牙签串起来。

可以用其他的菜代替四季豆，芦笋也不错！

11 撒些盐和黑胡椒粉。

12 平底锅放一点奶油后，把干贝排好。Wow！好像在跳水上芭蕾的样子呢！
＼(＾o＾)／＼(＾o＾)／
＼(＾o＾)／

13 我希望培根呈现脆脆的口感，让它们侧躺。

14 等表面都变成金黄色时，加入白酒。

用清酒、米酒也可以。

15 盖好盖子，煮一小会儿（1～2分钟）之后，加酱油再入味一下，熄火。

不要煮太久！要看干贝的大小。摸起来有弹性就熟了！

16 如果要准备派对食物的话，这样装起来也不错哦！^^

17 接着来烤红甜椒，我家只有半个，没关系！还是可以做！煤气炉上放网，再放甜椒，烤到表面全黑。

咦，看起来像怪物叫喊的样子，我放了四季豆片来当眼睛。

18 怪物焦掉了，没关系！这样才更甜！

19 用纸巾擦掉黑焦的皮。切片后加酱油、橄榄油、黑胡椒粉拌一拌！

Stainless steel lunch box-Keema Curry Bento

“奇玛咖喱”铁制便当

1人份

介绍了几种便当食谱，也开设过便当料理课，发现很多学生和上班族还会用到（对我而言）非常传统的便当盒——铝制饭盒。那么我利用它的特长来介绍一款便当吧，一种适合加热的便当。日本有一些保温便当盒，材质是一样的。简单做一做咖喱饭放在便当盒里带出去！这次做的咖喱饭非常简单，叫它奇玛咖喱，因为它是用绞肉做的，水比较少。我用特别的方式来做！特别之处就在于不加水，只要把天然蔬菜的水煮出来即可。刚好我买了一些茄子、番茄，那么就一起看看怎么做吧！

延伸菜单

《在厨房遇见MASA》
P.144：省油！咖喱起司可乐饼

Ingredients

［材料］

鸡蛋 egg——**2个**

米饭 rice——**1碗**

西兰花（焯过）broccoli——**5～6朵**

猪绞肉 ground pork——**300g**

洋葱 onion——**1/2个**

番茄 tomatoes——**4个**（大约300g）

茄子 eggplant——**1条**

蒜 garlic——**2瓣**

红酒 red wine——**100cc**

咖喱块 curry cube——**2块**（约50g）

continue→

1 洋葱和蒜切末。

2 茄子切小块后，泡水。

泡水会温和茄子的涩味。

3 切掉番茄蒂。

4 并将冰块准备好。番茄放入沸水里焯几秒后，再放入冰块。

不要煮太久，这是去皮的方法。

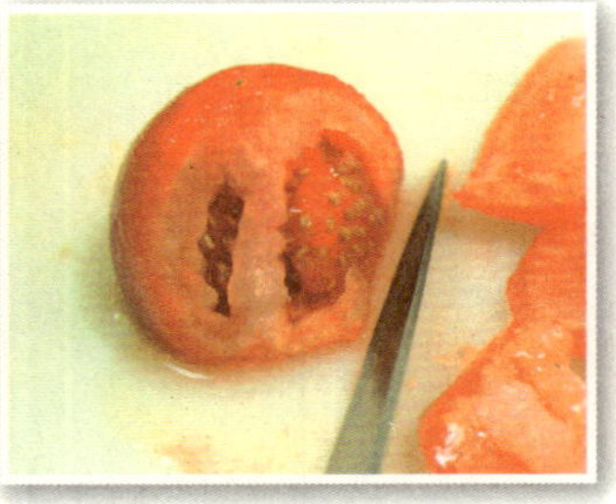

5 番茄皮拿掉后，切下外面的肉，去掉中间的子。

因为子的部分太酸。

6 番茄肉切丁。

7 把事先切好的洋葱末和蒜末放在锅里用中火炒到透明。

8 放入猪绞肉炒到呈金黄色。

9 加入红酒，继续炒。

10 放入切好的番茄。

11 放入茄子。

12 盖上锅盖用小火继续煮。

我平常不用加锅盖煮，这次需要保持菜类的水，所以盖上盖慢慢煮，让菜水析出来。

13 菜水都出来了，表示番茄、茄子已经煮熟了。

14 熄火，加入咖喱块，拌一拌让它完全溶化。

15 加入咖喱块后，如果觉得太浓的话，可加些水稀释一下。

16 蛋液搅拌好后，放入预热的平底锅，用“两双”筷子一直搅拌。

17 用两双筷子搅可以做出比较细的炒鸡蛋粒！

18 如果蛋不够细，在盘子上用搅拌器压，也可以做出很细的蛋粒！在饭盒里的米饭上面撒上蛋粒、西兰花即大功告成。

Stainless steel lunch box-Kimchee & Beef-Don Bento

韩式泡菜
牛肉盖饭便当

1人份

盖饭？做便当？没错！因为铝制饭盒可以直接加热，这样我可以做以前很少装入便当盒的食物。我突然想到一个不错的主意，如果吃饭菜之前可以整个加热的话，平常中午最想要（目前）吃的快餐就是牛肉盖饭！但一定要好好做，不能跟我最爱的吉野家牛肉盖饭差太多！因为不想冒险，所以我来做比较简单却很好吃的韩式泡菜牛肉盖饭！由于泡菜里面已经加入很多香辛料，味道够了，只要加一些调味料跟牛肉煮，就可以享受美味的牛肉盖饭！

Ingredients

[材料]

- 米饭 steamed rice——1碗
- 牛肉片 sliced beef——80g
  *用火锅的牛肉片就可以。
  *猪肉也可以。
- 香油 sesame oil——少许
- 韩式泡菜 kimchee——50g
- 洋葱 onion——1/4个
- 葱 green onion——1/2根
- 水 water——80mL
- 蚝油 hondashi——1/4小匙
- 酱油 soy sauce——1大匙
- 味霖 mirin——1大匙

1 洋葱切片。

这次我用顺纹切，要保留洋葱脆脆的口感。

2 葱斜切。

加入两种葱，口味更好！

3 牛肉片切成容易吃的大小。

如果不用牛肉片，当然可以用猪肉片！

4 虽然我不太能吃辣的食物，但是我很爱吃韩式泡菜！

泡菜酸味开始出来时就可以煮这种加热的料理。

延伸菜单 P.188：低热量韩式魔芋面

5 把水和调味料混合好。

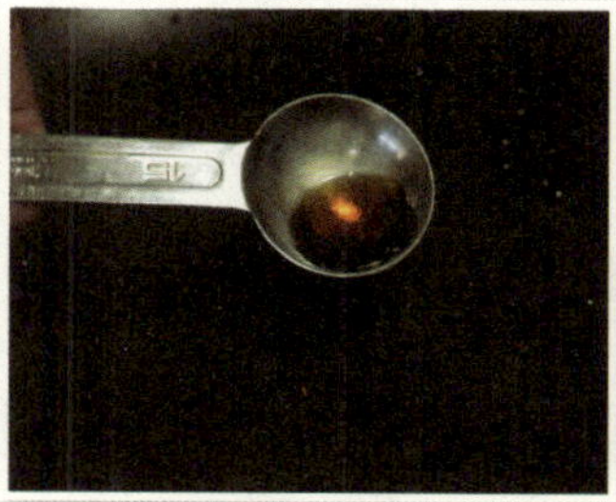

6 锅里加一点香油。

7 用大火炒牛肉片。

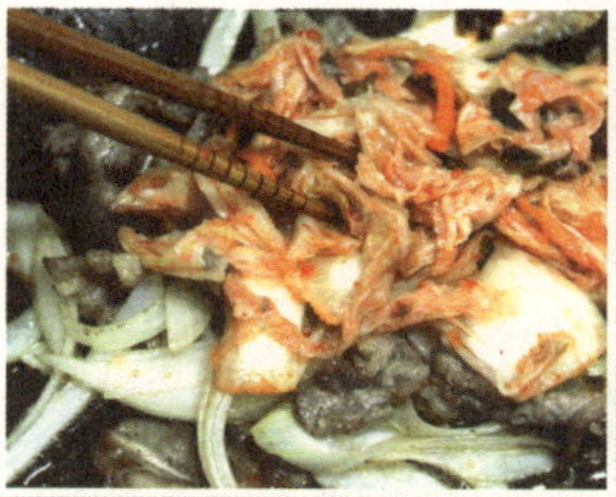

8 加入洋葱炒到稍微变色，再加入韩式泡菜。

9 倒入步骤5的调味料，用小火煮2～3分钟。

10 最后加入葱炒一下后，装进便当盒。

Tomato sauce Hamburg steak
with rolled Omelet rice

茄汁煮汉堡肉和“酷鲁酷鲁”蛋包饭

1人份

延伸菜单
P.16：滑嫩多汁！鸡排菇白酱和瞬间蛋包饭

MASA又乱用汉字！“酷鲁酷鲁”是什么意思？日文“くるくる”（kuru-kuru）是“卷卷”的意思，我做过好几种蛋包饭了，如果装在便当盒里的话，因为考虑到卫生的关系，蛋一定要全熟。那么，用这种全熟的蛋皮要怎么包起来呢？为何不卷起来呢？断面会呈现非常可爱的样子。还有，另一个主角“茄汁煮汉堡肉”，也可以变化出不同的汉堡肉，不一定只是煎后淋上酱汁，也可以做和酱汁一起煮的非常入味的汉堡肉！用这种方式，可以做出很多种味道，因为我觉得茄汁酱冷却后仍别有风味，所以这次我用茄汁酱一起煮。做法可能会有一点麻烦，但是，一次可以多做些冷冻起来，下次就会轻松许多！

1 先做“茄汁煮汉堡肉”。洋葱切末，用平底锅炒到透明后放在盘子上冷却。

洋葱炒好才会有甜味哦！

2 面包粉里加入牛奶，让它吸收。

这样子汉堡肉会变成多汁的口感！

Ingredients

[茄汁煮汉堡肉]

猪绞肉 ground meat——400g
*如果想要混合，参考这个比例，
猪肉：牛肉表示3：7

洋葱 ——1/2个
chopped onion

面包粉 bread crumbs——25g

牛奶 milk——60mL

鸡蛋 egg——1个

[汉堡茄汁酱]

奶油 butter——适量

洋葱（切丁）onion——1/4～1/2个

蟹味菇 ——100g
shimeji mushrooms

番茄罐头 ——1罐（约400g）
canned tomato

水 water——100mL

番茄酱 ketchup——2大匙

盐 salt——少许

黑胡椒粉 black pepper ——少许

[蛋包饭]

鸡蛋 egg——2个

米饭 steamed rice——1碗

奶油 butter——适量

番茄酱 ketchup——适量

[大学日式甘薯]

甘薯（蒸好）——100g
steamed sweet potatoes

奶油 butter——2小匙

蜂蜜 honey——1大匙

酱油 soy sauce——1/4小匙

白芝麻 ——少许
white sesame

3 猪绞肉里面先加点盐，再搅到肉变得黏黏的。

肉里加入盐搅拌，口感会很鲜！

4 加入“茄汁煮汉堡肉”的其他材料，用手继续搅拌。

5 平均分成6份。

这次用便当盒装，所以每个的尺寸比较小。

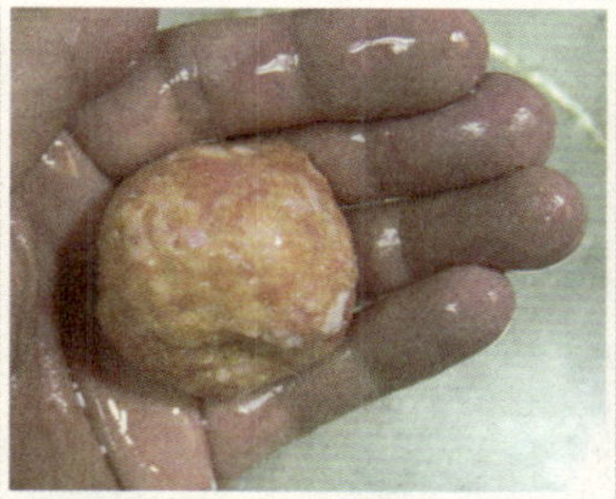

6 手上涂油，把肉弄成薄的椭圆形，中间稍微压下去。

做薄一点没有关系，因为煎时它会缩小、变厚。

7 轻轻放在平底锅里，用中火煎到呈金黄色。

continue→

8 翻面再煎到呈金黄色后，从锅里取出。

因为等一下要跟茄汁酱一起煮，肉先不用煎到熟透。

9 接着做“汉堡茄汁酱”。用同样的锅，不用洗，直接加一点奶油，再加洋葱，然后加蟹味菇。

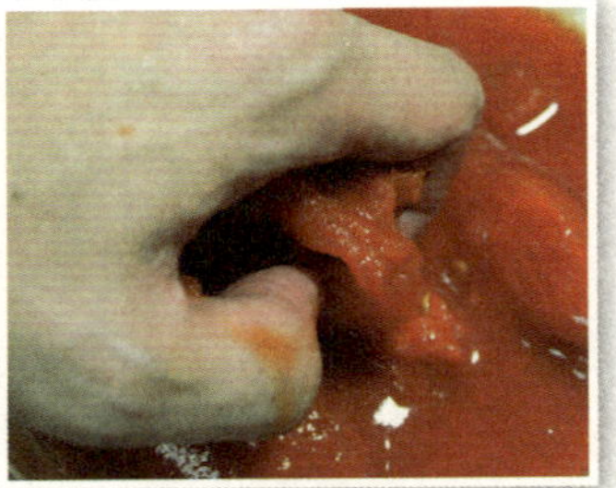

10 这次用的番茄罐头是用一整颗煮的。先倒在碗里，用手捏碎。

如果觉得用手不习惯，放入果汁机打碎也可以!

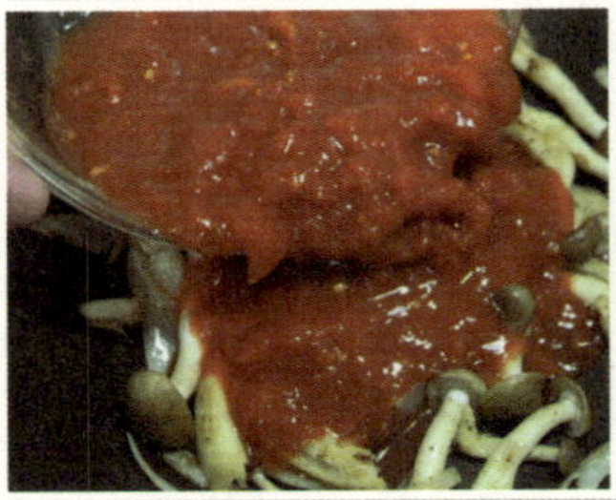

11 放入锅里用小火继续煮。

12 再加些水。

用刚拿出来的番茄空罐头加水，顺便冲一冲，以免浪费哦!

13 将汉堡肉放入茄汁酱里面，继续煮5～6分钟。

煮时如果变得太干的话，再加些水。

14 最后加入盐和黑胡椒粉，调好味道。

甜味若不太够，就加一些番茄酱。

15 接着再做“蛋包饭”。蛋液放入平底不粘锅中，开小火，锅稍倾斜让蛋液均匀散开。

16 如果不习惯翻面的话，蛋液均匀散开后，用大火加热10秒后就熄火，马上盖上盖，等2分钟。

锅里面有余温，上面的蛋液也会变熟!

17 锅里加入一点奶油，融化后，再加入米饭炒一下，然后加入番茄酱。

番茄酱的量由你决定！想加多少就加多少吧！

18 蛋皮下面铺保鲜膜，蛋皮上铺番茄酱炒饭。

不要放太多，否则不好卷！

蛋皮前面留一点空间，像卷蛋糕一样！

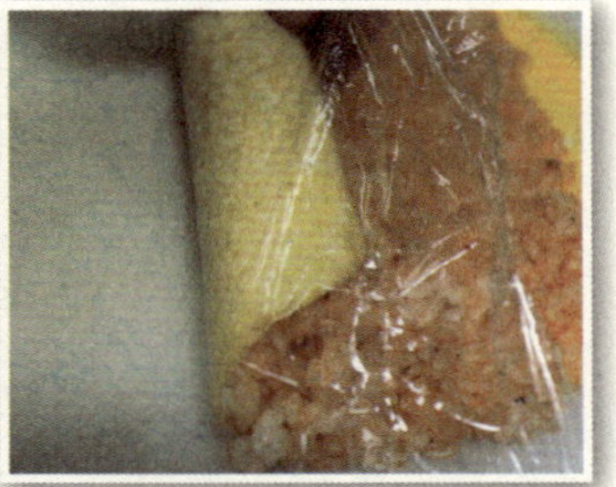

19 用最下面的保鲜膜卷起来。

20 卷好后，连保鲜膜一起切才不会散开。装入餐盒时断面朝上，样子很可爱！

21 甘薯切块，锅里加入奶油，融化后加入甘薯、蜂蜜、酱油拌一拌。放凉后装入便当盒，再撒上白芝麻。

22 汉堡肉做得太多，没有用完！没关系！放在密封袋里冷冻保存，可以放3～4周！

Miso flavored Salmon & Sesame miso sauce green beans & Seaweed Rolled Egg

味噌腌煎鲑鱼、凉拌芝麻味噌四季豆和海苔蛋卷便当

1人份

吃便当的季节到了！便当不是一整年都在吃吗？没错！我的意思是，周末去公园时带个便当，找个地方坐下来吃午餐，适合享受自然的季节来了！当然，带去上学、工作，是比较平常的事情。反正，看大家的方便，开心就好了！

味噌是日本的传统食物，它有“防腐作用”（做料理，还需要基本的卫生），也是适合做便当的材料，而且冷掉也好吃！这次我用味噌做简单的便当。大家一起来看看！

延伸菜单

《在厨房遇见MASA》P.160：锦丝玉子

Ingredients

[味噌腌煎鲑鱼]

鲑鱼或鳕鱼 salmon or black cod——**1片**

味噌 miso——**1大匙**

味霖 mirin——**1小匙**

清酒 sake——**1小匙**

[凉拌芝麻味噌四季豆]

四季豆（芦笋也好）——**5～6根**
green beans(asparagus)

白芝麻（炒过）white sesame——**1小匙**

酱油 soy sauce——**1/2小匙**

味霖 mirin——**1/2小匙**

白砂糖 sugar——**少许**

味噌 miso——**1/3小匙**

*分量只做参考，味道可以自己再调整！

[海苔蛋卷]

鸡蛋 egg——**1个**

海苔酱 nori paste——**适量**

[饭团]

香松 furikake——**适量**

米饭 steamed rice——**适量**

海苔片 nori/seaweed——**适量**

甘薯（蒸）steamed sweet potato——**适量**

1 把“味噌腌煎鲑鱼”里的味噌、味霖、清酒放在袋子里，混合均匀。

为什么用袋子？因为平常腌肉类要准备很多腌酱，但是这样就太浪费了！所以，我选择用袋子腌！

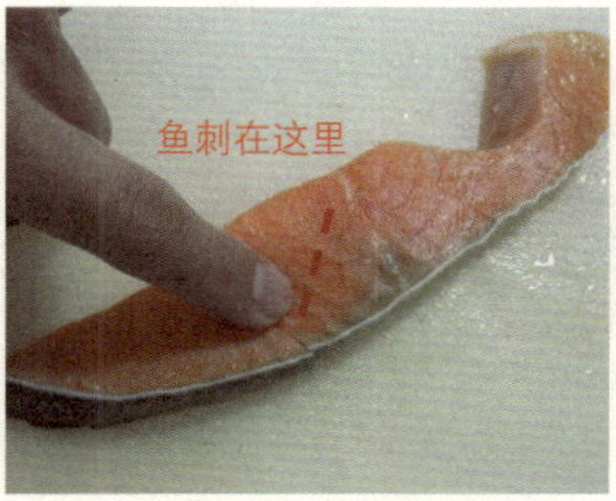

2 鲑鱼去掉鳞，鱼刺剔掉，再切成三块。

鱼刺有一点难找，摸摸看在哪边。鱼鳞怎么处理？请参考P.18步骤1。当然，用鳕鱼也很好吃！与“西京烧”类似。

3 把切好的鱼块放进袋子里。

4 把空气挤出来，密封好后用手揉搓一下。

晚上做到这一步后放入冰箱。隔天早上煎也可以。但是，咸味比较重，需要洗掉腌酱后再煎。

5 接下来制作“凉拌芝麻味噌四季豆”。先做芝麻粉。白芝麻放在砧板上，用刀切成粉。

最好用研钵做这个酱，味道比较香，或用咖啡磨豆机也可以。若家里没有这些东西，也可以用刀切！

6 将“凉拌芝麻味噌四季豆”的调味料混合在一起，再加入焯过的四季豆，拌一拌。

四季豆焯好后马上放进去，如果是用解冻的，解冻好要擦掉水后再放进去拌。

7 将鸡蛋磕入碗里，做成厚一点的蛋皮，冷却后再涂上海苔酱；卷起来，切成合适大小。

蛋皮怎么煎？步骤请参考P.190步骤1～3。确认蛋皮完全放凉后再涂海苔酱，否则，海苔酱会溶化出来。没有海苔酱，可以涂上蛋黄酱（先涂）后再撒肉松。

8 将米饭、香松放在袋子里，混合均匀。

continue→

9 集中在袋角。用袋子的角度做出来三角形。

10 海苔片贴在下面。

如果喜欢脆脆的海苔，先不用贴。将海苔片用保鲜膜包起来，吃的时候再贴上!

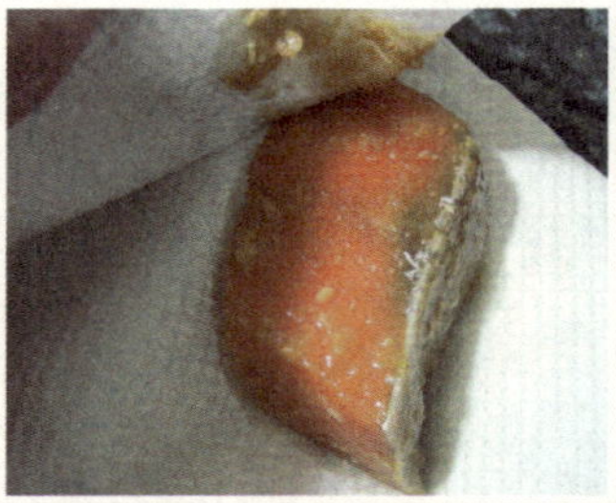

11 将步骤4腌好的鱼拿出来，用纸巾擦掉腌酱。

腌酱没有擦干净的话，容易焦掉！如果腌一个晚上的话，需要用水洗掉腌酱。

12 用中火煎鱼。

小心！它很容易煎焦！慢慢煎!

13 两面都煎好，可以的话，像图片那样让鱼皮朝下站起来，煎到皮变脆。

这样做，可以享受香香脆脆的鱼皮!

14 万一不够吃，可以加些甘薯。

Steamed Chicken curry with Apple & Chocolate
Steamed Salmon rice with Ikura topping
Steamed Red wine beef stew
Steamed Chicken & Burdock root Japanese stew
Assorted Steamed Vegetables with Miso based BAGNA CAUDA
Seamed Beef miso stew
Steamed Rice with Seasoned Eel topping
Burdock root Potage
Assorted White wine steamed Seafood
Herb steamed Black cod with Oriental Salsa sauce

Part 4

MASA的电炖盅料理

MASA's TATUNG Recipes

Steamed Chicken curry
with Apple & Chocolate

秘密武器登场！电炖盅咖喱鸡肉

6人份

让大家久等了！电炖盅料理终于来了！我一直想设计一点电炖盅食谱，但每次结果都是煮普通米饭……我并不是不喜欢研究电炖盅料理哦！只是，我没有时间好好研究它的功能。最近，我终于用电炖盅做了一道大家很喜欢的家庭料理“咖喱”！而且我加入了一些隐藏的味道，简单说，“秘密武器”就是基本口味的咖喱，并多加了几种味道，但这种味道不是很明显，只要吃一口就有特别的口味，但又不知道是什么……这次我要介绍加入咖喱的两种风味，这两种是在哪里都能买得到的简单风味，可以变化出不同的风味！

延伸菜单

P.137：“奇玛咖喱”铁制便当

Ingredients

[材料]

- 鸡肉（带骨头）——800g
chicken (drumsticks)
- 盐 salt——适量
- 黑胡椒粉 pepper——适量
- 咖喱粉 curry powder——3大匙
- 面粉 flour——3大匙
- 红酒 red wine——1200～1300mL
- 洋葱 onion——2个
- 土豆 potatoes——3个
- 胡萝卜 carrots——1根
- 水 water——1200～1300mL
- 酱油 soy sauce——适量
- 咖喱块——1盒（12人份）
instant curry cube
- 苹果 apple——1/2个
- 巧克力 chocolate——大约20g

1 洋葱以逆纹切薄片。

为什么要逆纹切？请参见P.158。

2 要炒洋葱了！这可能要花一点时间，做好心理准备哦！锅里加一点油，开中火，放入洋葱，撒一点盐，让洋葱变软，用小火继续加热，不一定要一直搅拌，可以做下一个步骤，偶尔搅拌一下就可以了！

为什么现在要调味道呢？这个步骤不是调味道，因为盐有脱水的效果，而洋葱要炒久了才会将甜味释放出来，所以要将多余的水先去掉。

3 带骨头的鸡肉上撒盐、黑胡椒粉、面粉和咖喱粉，让肉入味一下。

这次我用鸡肉，它比牛肉更容易煮烂，所以最好用带骨头的，而且骨头一起炖，味道比较好！

4 拌一拌，让它均匀沾上粉。

5 让我们看看洋葱有什么变化！它的水蒸发了很多，量变少了，但还没有好，继续加热。

记住，不要一直搅拌，但也不要完全不理它，即使做别的事也要注意它。

6 土豆选用白色的那种，它比较适合用来做这种炖类料理；另一种皮颜色比较深的土豆，里面是黄色的，容易碎掉，比较适合做土豆沙拉与可乐饼之类的料理。

7 土豆切块，削掉尖角，防止煮的时候破掉。

8 胡萝卜切滚刀块。

为什么尖角要削掉？如果需要花费很多时间，记得切好后泡水以防变色。

怎么处理呢？土豆切块后，可用小刀子削掉尖角。若刀子不好弄的话，用削皮器削掉。哇，好快！

continue→

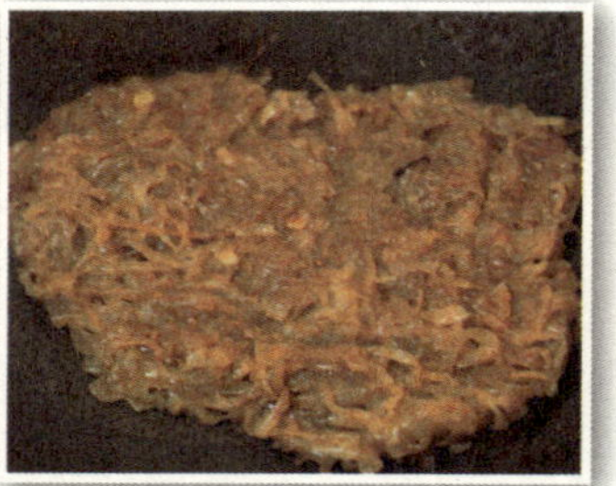

9 洋葱差不多了，熄火。洋葱先放在旁边，锅洗净。

洋葱可以再炒黑一点，我炒了大约40分钟。

炒洋葱会花非常多的时间，找一天先多弄一点，放在密封袋冷冻保存也行。不只可以做咖喱，也可以做红酒炖牛肉烩饭！当然还可以做成法式洋葱汤！

10 锅里加一点油，放入鸡肉煎到表面稍微呈金黄色。

如果锅里肉放不下的话，可以分两次炒，鸡肉不用炒到熟，表面上色就好了。

11 加入红酒！

用那种红酒？都可以！看你家里有没有还没喝完的，或如果只是做料理用的话，不用买贵的！

12 终于，电炖盅来了！内锅里面放入鸡肉。

13 放入炒好的洋葱。

14 土豆先炒一下，炒到表面有一点透明的样子。

土豆选里面是白色的，去掉尖角，它还会有机会溶化，先用高温炒表面，形成一层皮比较不会碎掉。

15 胡萝卜也可以稍微炒一下后再放入内锅里，然后再加水。

16 猜猜我要加入什么？对！苹果！用磨泥板磨好后放进去。

加入苹果料理会多一种水果的甜味！

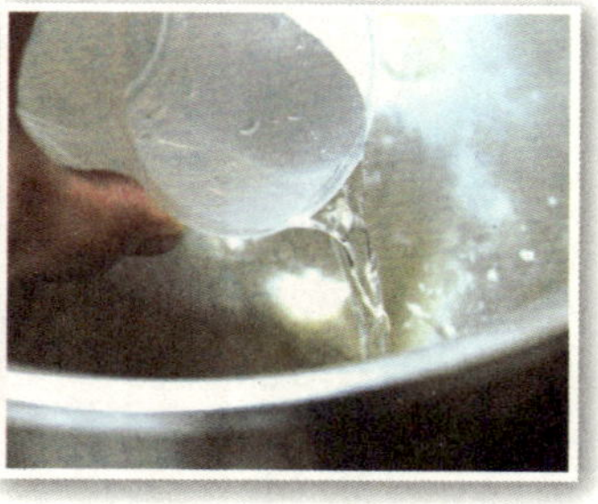

17 外锅里加入2杯水，外面盖上盖子开始煮！开关键跳起来（水用完了）再加2杯水（这次是热水！）总共煮了大约1小时。

18 开关键第二次跳起来后，打开盖子确认胡萝卜、鸡肉熟了。

如果还没有熟，外锅再加1杯热水。

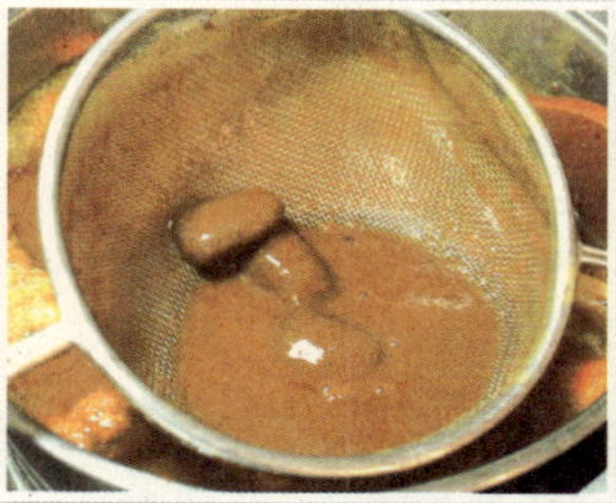

19 材料都熟了后，加入咖喱块！放在网里面慢慢让咖喱块溶化。

为什么用网呢？因为一整块加入大锅里面，没有办法确认每块有没有完全溶化。有时候没有拌好，锅底角落黏住，就焦了。

咖喱块的分量可以自己调整，如果觉得味道不够可以再多加一点！

20 猜猜我要加入什么？答对了！巧克力！加巧克力会增添一种芳香的甜味。

注意不要放太多！我知道看起来好玩，想要加很多……但放太多巧克力味道会太重，吃一口就腻了。

21 咖喱块完全溶化了，外锅加入热水再开始煮，盖子不要盖起来，用木汤匙搅拌一下，让咖喱块完全糊化。

这次我用了苹果和巧克力，当然还可以用其他的材料，想要水果的甜味，用芒果、香蕉也不错；想要芳香的味道，用咖啡粉、可可粉也很好！

22 最后，如果想要增加一点咸味，可以加一点酱油。

Steamed Salmon rice
with Ikura topping

鲑鱼
亲子炊饭

6人份

我介绍过一些电炖锅食谱，最近我平常用电炖锅煮饭，后来发现，用这样很方便的厨具可以做很多种的炊饭呢！“炊饭”是一种日本料理，用一些材料跟米一起煮的，平常都用炊饭器或沙锅。当然电炖锅跟日本的炊饭器的烹饪方式有一点不一样，但是，不用担心，你只要适当调整就好，或选适合电炖锅的材料，还可以享受很多种的炊饭！这次我想要介绍既简单，又健康的海鲜炊饭！用什么海鲜？当然是鲑鱼！因为我是非常爱吃鲑鱼的人！

请大家原谅我，其实，利用这种步骤还可以做其他的海鲜炊饭！

Ingredients

[材料]

米 rice——$2\frac{3}{4}$杯

海带水 konbu broth——3

或：水$2\frac{3}{4}$加入蚝油1/2小匙

鲑鱼 salmon——3片

*用盐腌好的也可。

清酒 sake——适量

酱油 soy sauce——适量

鲑鱼卵 ikura——60g

紫苏叶 oba——适量

*也可以用葱花代替。

[煮饭调味料]

酱油 soy sauce——3大匙

清酒 sake——3大匙

盐 salt——少许

1 做海带水。冷水里面加入海带（干燥），泡0.5～1小时。

因为海带会吸收水，准备多一点的水（1000mL左右），加入一片海带，海带水不用煮，自然让它风味出来就好了！

2 米洗好后，放在网里面晾干，放置约半小时。

米洗好后，不要马上煮，让它慢慢吸收表面的水，煮太快会留残米里面还没熟的口感。

3 去掉鲑鱼的鱼鳞。

4 鲑鱼放在盘子上，淋清酒、酱油。

淋清酒是为去掉鱼腥味，酱油是为入味。用腌好的鱼可以略掉这个步骤。

5 内锅放入米，加入海带水和“煮饭调味料”。

6 拌一下，确认材料都已混合好。

小心！加入调味料后不要再等，马上开始煮！因为盐分的浸透力会让米的水出来，煮出来米饭口感不好。

7 把腌好的鲑鱼放在上面。

不要加入腌汁哦！因为它含有腥味！

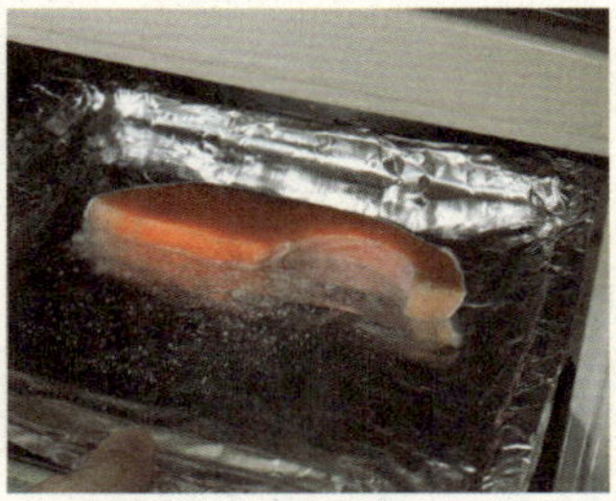

8 如果你还是怕鲑鱼的腥味，先用烤箱稍微烤一下表面再放入电炖盅煮，这样也蛮香的！可以参考的温度和时间是：200℃烤 6～8分钟。

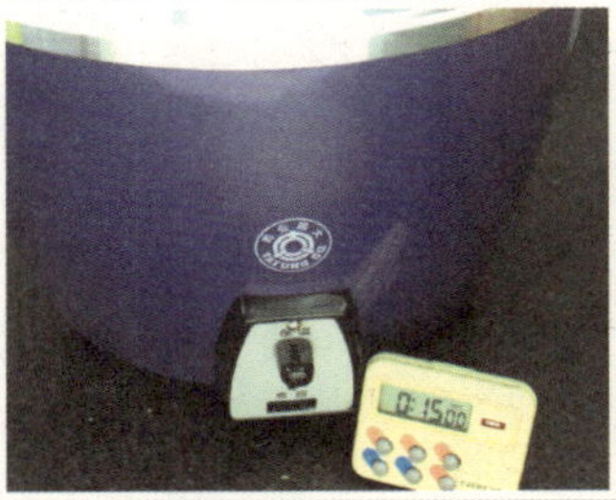

9 外锅加水（3～4格）开始煮，开关键跳起来后，不要马上打开！让它再焖15分钟左右。

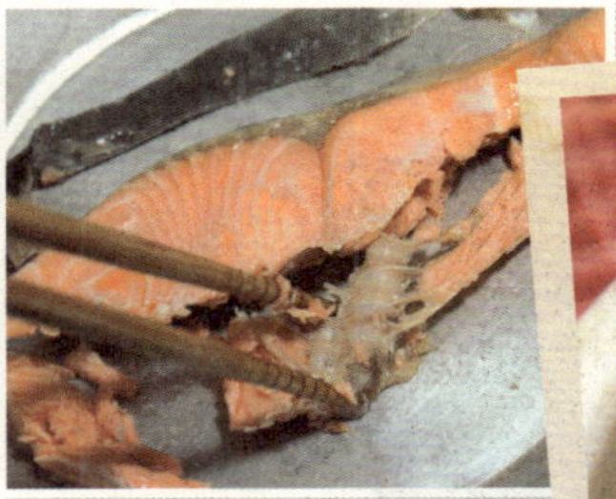

10 打开盖子，将鲑鱼拿出来。鱼刺全部剔掉后再放入锅里。

11 从下面拌一拌，让鲑鱼均匀散开。

12 装在碗里后，放上喜欢的鲑鱼卵和紫苏叶或葱花。

延伸菜单

P.18：豪华鲑鱼泡饭＋方便面

Steamed Red wine beef stew

红酒炖牛肉

6人份

电炖盅买了好一阵子，现在我终于有时间好好利用它了！冷落它这么久，本来我以为它只有隔水加热烹饪的效果，其实不是，它还可以做很多东西！太有趣了！没想到第一次MASA的电炖盅料理是炖料理。当然我还可以做日本料理，但是，我更想做看上去有一点意外的料理，而且季节也很适合！11月19日是“薄酒莱”的解禁日（“薄酒莱”是法国知名葡萄酒，法国规定当年的“薄酒莱新酒”必须统一在当年11月的第三个星期四上市，2009年的解禁日是11月19日），所以就用红酒来做料理并喝红酒，享受法国秋天的恩惠吧！

Ingredients

[材料]

- **牛腩条** beef rib fingers——**500g**
- **洋葱** onion——**1/2个**
- **胡萝卜** carrot——**1根**
- **蟹味菇** shimeji mushrooms——**1把**
- **奶油** butter——**适量**
- **红酒** red wine——**1/2瓶**
- **月桂叶** bay leaves——**2～3片**
- **迷迭香** rosemary——**适量**
- **盐、胡椒粉** salt & pepper——**适量**
- **面粉**（高筋）flour——**适量**
  （用低筋面粉或其他粉类也可以）

延伸菜单
P.164：田园风味噌煮牛肉

1 牛腩条切成大块。

要煮到很软。切的块太小，肉会溶化，肉块大些，可以享受肉的口感。

2 洋葱也切成大块。

3 胡萝卜切滚刀块。

为什么切滚刀块？这样胡萝卜有很多切面，比较易入味，当然也可以切成普通的或球形的。

4 将切好的材料放在保鲜盒里。

5 放入迷迭香、月桂叶，加入红酒，要把肉盖起来，盖上盖子，放在冰箱冷藏一晚。

肉腌在红酒里，肉会变软！你喜欢的红酒，有之前打折买的，或以前打开过、还没喝完的也不错！

6 第二天，肉变成了红色。

7 把菜类和肉分别捡出来，先用大火炒菜类。

炒的时候让它焦一点比较香。

8 放入电炖盅内锅里。

炒锅不用洗，直接进行下一个步骤。

9 用纸巾稍微擦一下肉表面的水后，撒上盐和胡椒粉后沾粉，每块肉沾完粉后都要拍掉多余的粉。

这次我用高筋面粉，这种粉在沾粉时比较好处理。为什么肉要拍打呢？面粉太厚，煮时面粉皮容易破掉。

10 加入一点油，大火煎到表面呈金黄色。

煎好封住表面，预防肉的香味跑出来。

continue →

11 加入腌肉的红酒和瓶子里剩下的红酒继续煮，让酒精蒸发。

12 全部倒在电炖盅内锅里。

13 蟹味菇用多一点的奶油炒一下，再倒入电炖盅内锅里。

14 在外锅加入两杯水。

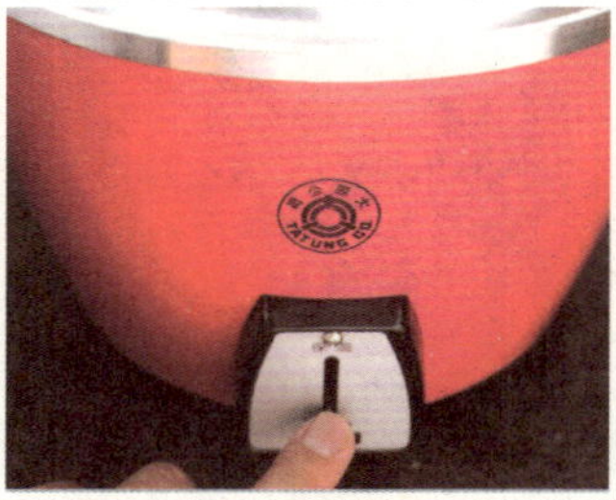

15 按下开关键！

一开始很安静，后来开始有嘎嘎声，然后，又闻到某些熟悉的气味，那是我以前在法国料理餐厅工作时候常闻到的味道！

16 开关键第一次跳起来后，在外锅里再加两杯热水，开关键跳起后再加两杯热水（总共让它跳3次），煮了大概1.5小时后，打开盖子，加入盐和胡椒粉调味。

加入第二次水又跳起来的时候（煮了1小时），先试试肉的味道，如果已经软的话，就不用再煮。最好让它完全冷却后，再次加热就会比较好吃。

料理知识：洋葱为什么要逆纹切呢？

很多料理都用到洋葱。它是一种营养丰富的食物，含有丰富的B族维生素$_1$（缺乏维生素B_1会出现失眠、精力减退、疲劳的状况），能促进代谢，净化血液！多吃一点吧！怎么切？先把头和根的部分切掉。

◎切逆纹＝切断洋葱的纤维＝洋葱的味道比较容易出来

* 如果要生吃（沙拉）的话，需要去掉洋葱的呛味，逆纹切薄片后，泡水，让呛味从切断的纤维出来，味道会比较温和。
* 如果要带出洋葱的甜味（法式洋葱汤），一样，逆纹切薄片并长时间炒（洋葱加热味道会变甜），甜味就会从切断的纤维处出来。

◎切顺纹＝洋葱的纤维会留下＝洋葱会保留自己的形状

* 如果想要炒，顺纹切，大火炒可以享受它脆脆的口感。
* 如果想要煮很久（炖类），用顺纹切大块一点才不会溶化掉。

Steamed Chicken &
Burdock root Japanese stew

鸡肉和敲敲牛蒡煮物

6人份

这次我用电炖盅煮了日本家庭料理“煮物”，平常都用锅煮，有一个锅叫“雪平锅”，一般日本家庭厨房都会有这种锅，当然没有这种锅，也是可以做“煮物”的，那用电炖盅呢？让我来分析一下，就我的理解，电炖盅煮东西时，没有什么可以调整温度的开关，只要按下去就开始煮了，外锅的水滚时，内锅的状况看起来像用大火煮的样子，这样可以做煮物吗？我曾经看过很多人用电炖盅做了很多看起来很好吃的料理，但即使这样，我还敢用电炖盅做料理吗？（一_一;）感觉压力很大！刚好家里有一些菜，只要简单处理一下，丢在内锅里，按下开关键等待就可以了。

延伸菜单

《在厨房遇见MASA》P.62：快速午餐！牛肉“时雨煮盖饭”

Ingredients

[材料]

- 鸡腿肉 chicken thigh——2～3片（200～300g）
- 牛蒡 burdock root——200g
- 胡萝卜 carrot——80g
- 荷兰豆 snow peas——8～10片
- 酱油 soy sauce——4大匙
- 味霖 mirin——3大匙
- 清酒 sake——2大匙
- 水 water——1杯（200mL）

continue→

1 处理牛蒡，刀背刮表面，去掉皮。

因为牛蒡皮及皮下有很多营养成分，所以皮不要去得太厚，要不然用“菜瓜布”刮干净也可以！

2 看你用的牛蒡有多粗，如果太粗，可以切半或1/4。

牛蒡太粗的话，要煮很久，这次用电炖盅在这方面较特别，要小心！

3 用擀面杖再敲一下牛蒡表面，使表面稍微裂开。

用这个技法，入味很快。

4 牛蒡变黑了！没有关系！泡在水里面就好了！

其实，变色没有关系，等一下用酱油煮。保持牛蒡的颜色没有那么重要，而且，放入水里面会稀释出它的营养成分！所以，泡不泡，由你自己决定！

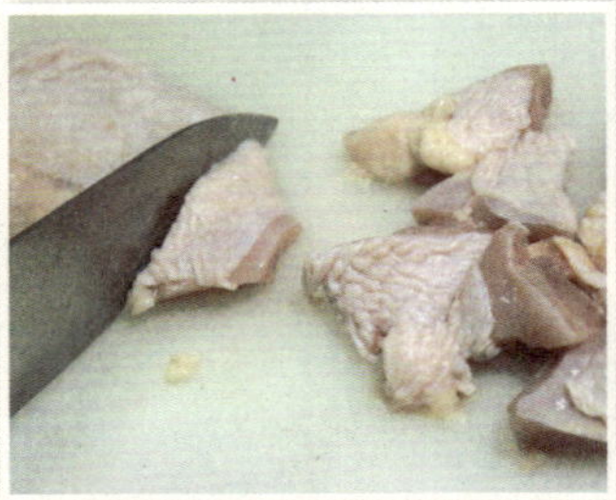

5 鸡腿肉切成容易吃的大小。

不要切太小哦！否则等一下煮的时候会看不见哦！

6 平底锅加一点油，把鸡腿肉表面煎到金黄色。

煎表面可把肉汁锁住。

7 加入切滚刀块的胡萝卜！

8 加入牛蒡！

9 炒到菜大概变颜色的时候，加到电炖盅内锅里。

10 刚炒过的平底锅里加入水（200mL），冲一冲之后倒在内锅里。

刚煎好的锅里有很多味道！不要浪费！

11 外锅加入1杯水，内锅盖上盖子，按下开关键！

12 内锅煮开后，打开盖子，去掉表面的浮沫。

13 开关键跳起来了，加入调味料，在外锅里再加入一杯水。

14 第二次跳起来后的样子，嗯！好香呢！(v^—°)如果菜还没熟的话，外锅再加水继续煮。最好让它先冷却再加热，比较容易入味，颜色也比较漂亮！

为什么要冷却呢？冷却时，调味料都进入材料里面，结果直接吃，或再加热时都会入味！不一定要放进冰箱，放在阴凉的地方就好了！

15 对！别忘记荷兰豆！从两边把蒂筋的部分去掉，然后焯一下，跟所有材料装在一起。

只为了拍这张照片，我还要拿出三脚架并使用用自拍模式……

因为绿色的菜类很容易变色，分开煮比较理想，最后装盘的时候再放在一起。

它是不怕冷的料理，做多一点装在饭盒也很好！^^

Assorted Steamed Vegetables with Miso based BAGNA CAUDA

日式 BAGNA CAUDA 蒸综合疏菜

6人份

大家听说过BAGNA CAUDA这个名字吗？它是意大利料理，用橄榄油做的温制蘸酱，平常直接把生菜切成条状沾着吃，日本也有类似的东西，它叫“野菜STICK”，平常我用蛋黄酱之类的来做，这次我想要开发跟BAGNA CAUDA更接近的蘸酱！一样是用橄榄油作为基底的酱，但比较有日式的味道，我非常喜欢的组合——松子和味噌，有一点担心，不知道跟橄榄油会不会不搭配。切末的松子用橄榄油炒香，再加上味噌，风味非常棒！完全没有问题！因为有的菜我还是觉得要稍微加热一下比较适合，用水煮的话，怕营养都跑掉，那么用电炖盅蒸一下吧！留住这些营养、口感、风味，非常理想的环境，蒸的菜都很幸福的样子！

Ingredients

[材料]

- 松子 pine nuts——15g
  *如果没有松子，可用花生、白芝麻代替。
- 橄榄油 olive oil——2大匙
- 白味噌 white miso——2大匙
- 牛奶 milk——50mL
- 黑胡椒粉 black pepper——少许
- 西兰花 broccoli——1把
- 牛蒡 burdock root——1根
- 土豆 potato——1个
- 胡萝卜 carrot——1根
- 四季豆 green beans——5～6根

1 松子切丁。

2 放入平底锅，用小火慢慢炒到变为黄色。

3 松子的香味出来了，颜色也差不多了，加入橄榄油，继续炒到香味扑鼻。

4 加入白味噌，让它融化。

5 加入牛奶。

如果想要很严格地吃素，可以用豆浆！

6 煮一下，看到全部材料混合且变浓稠后，熄火，加黑胡椒粉调味。

7 西兰花的根部也可以吃，不要丢掉哦！削掉外面厚一点的皮，用里面的白色部分。

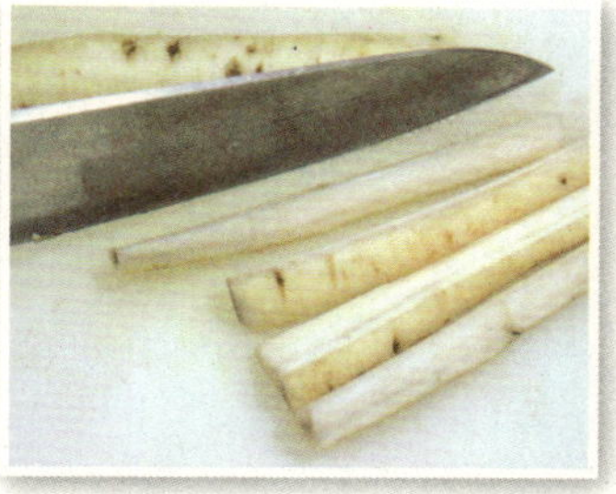

8 牛蒡、胡萝卜、土豆皮用菜瓜布擦好后，切成条状。

因为我想保留菜本来的味道，皮里边含有最多味道与营养。

9 四季豆去掉筋蒂。内锅里放入网再码上切好的菜。

哪种菜都可以用！把你想吃的蔬菜都放进去。ヽ(´▽`)/~♪

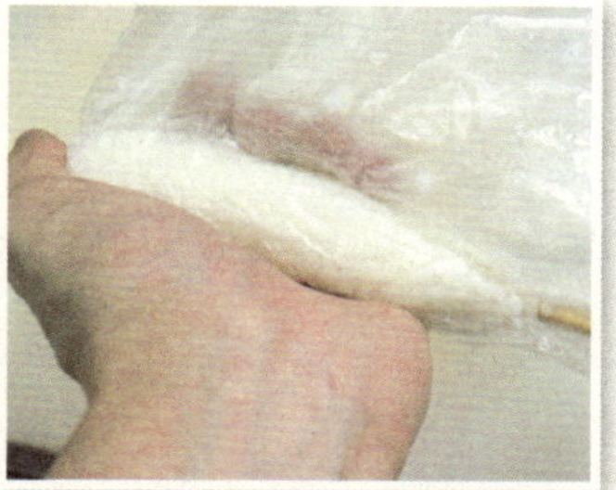

10 通常这道意大利料理配面包，那么我用米饭做饭串！塑料袋里放一点米饭，拿一支筷子插进去，从外面捏成棒状！

延伸菜单

《在厨房遇见MASA》P.154：夏季野菜全集合！简单法国料理普罗旺斯焖菜

Seamed Beef miso stew

田园风味噌煮牛肉

6人份

电炖盅不只可以蒸东西，做炖料理也很适合！之前做过咖喱，它非常好用，像牛肋条这么硬的东西也可以变成嫩嫩的食物，也不用担心锅底会烧焦！外锅加水，开始煮，不够嫩，很简单，加水继续煮。就是这么简单！不用麻烦地设定温度、时间、火力大小……是的！生活就是这么简单！这次我来做味噌的日式炖料理，我个人喜欢含有很多筋的牛肉煮很久后变嫩的料理（所以我超爱吃台湾的牛肉面）！我非常尊重台湾传统料理，所以我不敢自己随便做牛肉面。我来跟大家分享日本的家庭料理！

延伸菜单
《在厨房遇见MASA》
P.176：简单！好喝！百菇味噌汤

Ingredients

[材料]

牛肋条——**500g**
beef rib fingers
胡萝卜 carrot——**1根**
白萝卜 daikon——**1/2个**
魔芋片 konyaku——**1片**
洋葱 onion——**1/2个**
水 water——**2杯**
酱油 soy sauce——**3大匙**
味霖 mirin——**2大匙**
盐 salt——**适量**
味噌 miso——**2~2.5大匙**

1 我买了牛肋条！(*¯▽¯*)

2 牛肋条切成合适大小，胡萝卜切滚刀块，洋葱顺纹切厚一点。

3 白萝卜皮削厚一点，一起削掉皮下的纤维，然后切成跟其他材料一样的大小。

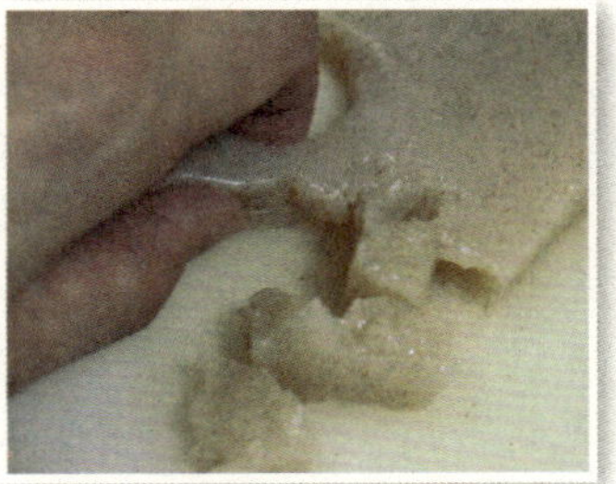

4 魔芋用手撕成小块。

这样子表面凹凸不平会容易入味！

5 撒上一点盐揉一揉，让里面的水出来，去掉魔芋的腥味。

6 魔芋还要处理哦！放入热水里面焯一下，再用水冲一下，完全洗掉腥味。

只是少少的蒟蒻，却需要那么多动作！(*_*)

如果觉得太麻烦，只做步骤5也行。

7 加热平底锅，放入牛肋条煎到表面呈金黄色。

8 加水，摇一下锅，把锅底黏住的肉汁溶化出来。

9 将牛肉和刚加入的水一起倒入电炖盅内锅里。

continue→

10 外锅加两杯水，盖好盖开始煮。

不用放入菜，先煮肉到稍微变软。

11 电锅开关键跳起来以后，再加入切好的菜、调味料，外锅再加入两杯水，继续煮。

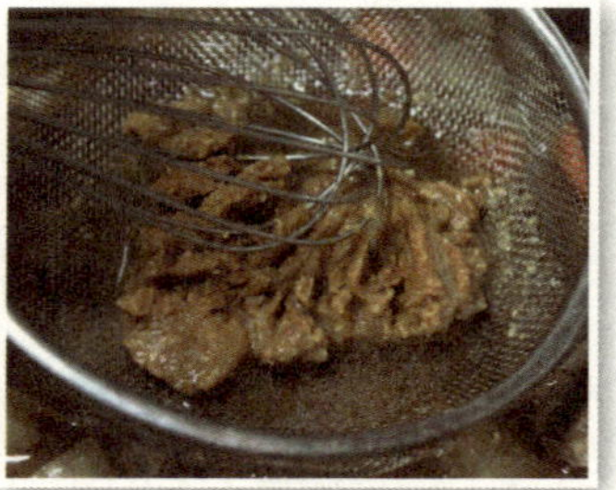

12 开关键跳起来后，确认肉和菜类都已变软，如果还没有，外锅再加入1～2杯水继续煮，如果已经好了，用网加入味噌并搅拌至其溶化。

13 味噌加好后，外锅再加1杯水，稍微煮一会儿。

加入味噌后不要煮太久，因为味噌的风味会逸失！

料理知识：关于白萝卜

一整根白萝卜，每个部位的味道都一样吗？＼（◎◎へ）不一样哦！请看以下说明。

A：叶子附近的甜味比较强；适合生吃，如沙拉、萝卜泥等。
B：中间的甜味、苦味都不是很强；适合做让它吸收味道的料理，如煮物（炖类）关东煮。
C：尖的部位苦味最强；适合做味道比较重的料理，如味噌汤、泡菜。

下次买了一整根白萝卜，可以参考一下！
不过，不用勉强这样做，只要大家方便就好了！⌒O⌒）/

Steamed Rice with
Seasoned Eel topping

“土曜丑的日”特别策划！快速、营养满点鳗鱼炊饭

6人份

天气很热，人都快融化了，(一_一;) 我觉得今年特别热！每年都是这样子的话，大家应该有自己应付热天的对策吧！当然空调致冷最快，效果最好，但是有的地方没有办法用空调，或空调一直开，电费会增加，也不利于环保。在日本，网络上有一些人说，穿湿衣服吹电风扇！而且他们说这样子比较好入睡！ (*_*)·如果是我的话，马上就会感冒了！要知道“夏风邪”（夏天感冒）非常麻烦。日本有个特别的日子叫“土曜丑的日”，一般一年夏季里有两天，这个时间我们通常会吃鳗鱼，吃有营养的东西就会精神百倍，可防止中暑！台湾有很多很好吃的鳗鱼调理包，加热后直接盖在饭上面就很好吃，我经常这样吃。这次我做的特别一点，把鳗鱼跟米一起煮！鳗鱼的风味移到饭里面，味道非常的相配！既简单又好吃。大家一定要试试看哦！ ^^

延伸菜单
《在厨房遇见MASA》P.22：卷心菜香烤鳗鱼意大利面

Ingredients

[材料]

- **鳗鱼**（调理包）——**1包** cooked eel
- **米** rice——**3杯**
- **海带水**——$3^1/_3$**杯** sea kelp water
- **干香菇**——**5朵** dried shiitake mushrooms
- **胡萝卜** carrot——**1/3根**
- **鸡蛋** eggs——**3个**
- **清酒** sake——**3大匙**
- **白砂糖** sugar——**1小匙**
- **酱油** soy sauce——**2大匙**
- **盐** salt——**1/2小匙**

continue→

1 准备海带水。冷水里面加入海带，顺便一起泡干香菇，需要泡0.5～1小时。

水不用煮！冷水海带已经很有味道。用多一点的水（不是上面写的3¹/₃杯），因为海带、香菇都会吸收水，水量会变少！

2 胡萝卜丝的切法：这道料理不会很复杂，但是我想好好解说菜要怎么切！胡萝卜从旁边切，因为它是圆的，切的时候会滑。

你可以用这种方式切其他的菜（小黄瓜等）。

3 胡萝卜切掉的面朝下放，再慢慢切薄片。

切薄的部分还需要习惯哦！

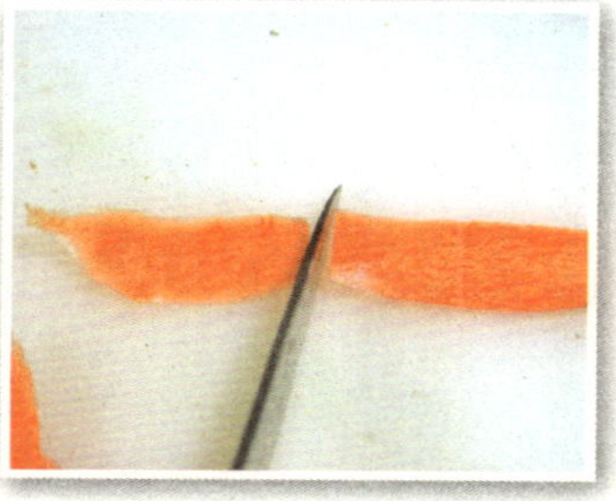

4 步骤2中第一刀切掉的胡萝卜切半。

5 胡萝卜片从左边排好。

因为从右边切，这样子排比较顺切。

6 慢慢从右边切。

7 海带水取3⅓杯，与洗好的米一起放在电炖盅内锅里。

洗米的步骤请参考P.46步骤1～4。

8 放入切丁或切丝的香菇。

9 放入胡萝卜丝。

10 加入调味料。

调味料要在开始煮之前在加入，不要太早放。盐分太早进到米里面的话，煮起来口感不好。

11 拌一下，确认材料、调味料都均匀散开。

12 图为这次用的是调理包鳗鱼！（¯¬¯）

13 切一半放入内锅，外锅加入水（电炖盅量杯3～4格），盖好盖后按下开关键！

14 等饭煮好后，切蛋丝。步骤请参考P.190步骤1～3。

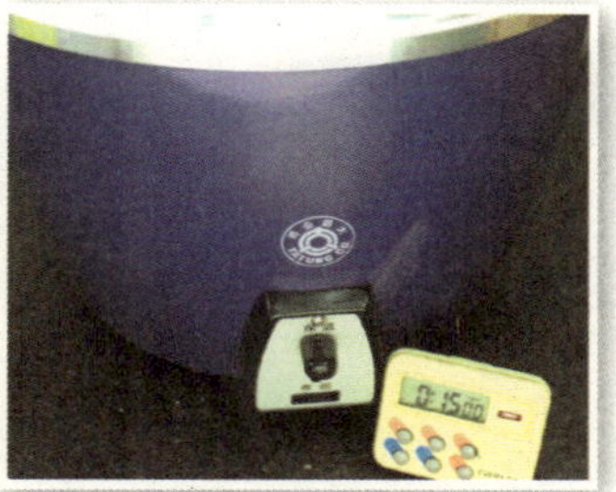

15 开关键跳起来了，不要马上打开，让它再焖15分钟。

16 时间到了！打开，哇！香喷喷！先把鳗鱼轻轻拿出来。

鳗鱼很软，要小心！

17 把上面和下面的饭混合，饭上面铺蛋丝，鳗鱼切片放在最上面，营养满分。请慢用！(><)//

如果不太方便拿鳗鱼出来，跟饭一起拌也可以！

Burdock root Potage

纤维之王 牛蒡汤

6人份

这道料理是突然想出来的，我只想要喝浓汤，而且是健康的汤！玉米、南瓜、甘薯，做了好几样的浓汤，我都喜欢。但是，有时候需要多摄取膳食纤维，把肚子大扫除一下！那么，纤维之王——牛蒡先生一定要出场吧！牛蒡做浓汤？那么硬的东西需不需要煮一整天？不用!我的厨房“麻吉（英文match的音译词，意指默契搭档）”——电炖盅就可以处理！步骤非常简单，没有什么秘密技术，只要开心做一做就好了！味道很好，有牛蒡朴实的原味，是非常“疗愈系”的料理！可以跟牛蒡脆片一吃享受！

延伸菜单
《在厨房遇见MASA》
P.150：纯日式家庭料理——炒牛蒡丝

Ingredients

[材料]

牛蒡 burdock root——200g
洋葱 onion——150g
水 water——300mL
鸡汤粉——1/2小匙
chicken stock powder
牛奶 milk——300mL
盐 salt——少许

1 牛蒡用菜瓜布刮掉皮。

牛蒡皮及皮下含有最多的营养成分，不要削掉太多！

2 切薄片，为预防变色，可泡在水中。

3 洋葱逆纹切薄片，先用平底锅炒到透明。

4 把水和鸡汤粉倒进电炖盅内锅里面。

5 放入切好的牛蒡和炒好的洋葱，再在外锅加入两杯水，开始煮。

6 开关键跳起来了，打开盖子看看牛蒡是否已经变软。

7 把煮好的牛蒡放入果汁机中打成泥。

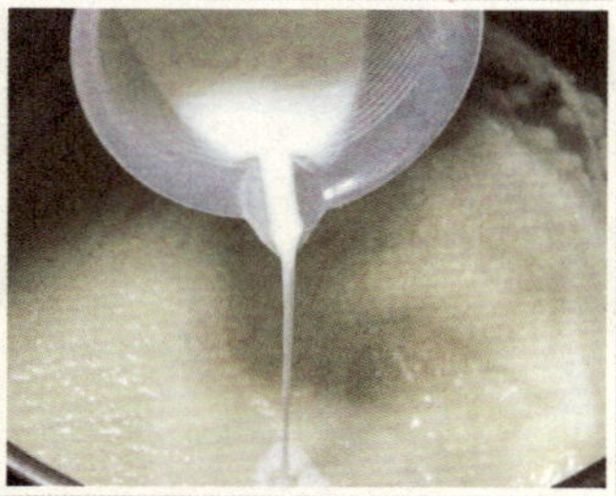

8 牛蒡泥打好后，倒回内锅，加入牛奶，外锅再加半杯水，开始煮，开关键跳起来后，加盐调味。

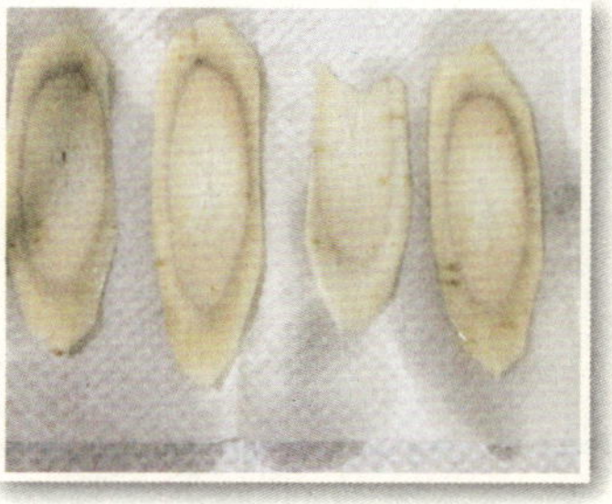

9 再做牛蒡脆片作为配菜。牛蒡切薄片泡水后，放在纸巾上吸收水。

10 平底锅加一点色拉油，用低温慢慢煎到牛蒡呈金黄色。

11 煎好放在纸巾上面吸去多余的油分。

Assorted White wine steamed Seafood

豪华白酒蒸综合海鲜

6人份

不想太麻烦，也不想花太多时间，但是又想吃到很多种的海鲜，欢迎，你翻到了正确的页码！先把要吃的海鲜稍微处理一下，然后放进内锅里面并加一些白酒，开关键按下去就结束了！调味呢？装饰呢？忘掉这些吧！你只要找新鲜的海鲜买回来，大部分料理流程就完成了！蒸完后味道非常丰富的海鲜汁都在锅底下，倒出来加一点好的橄榄油搅拌一下，淋上去就很美味，高级餐厅料理装盘！看到这里就已经知道怎么做了吧！（一_一;)

延伸菜单

P.60：DHA、蛋白质丰富的金枪鱼培根意大利面

Ingredients

[材料]

- 鲜虾 prawns——4～6只
- 淡菜（贻贝）mussel——4个
- 干贝 scallops——4个
- 蛤蜊 manila clams——16个
- 鲑鱼 salmon——1/2片
- 荷兰豆 snow peas——6片
- 白酒 white wine——100mL
- 橄榄油 olive oil——2大匙
- 黑胡椒粉 black pepper——少许
- 香菜 cilantro——适量
- 盐 salt——适量

1 先把淡菜和蛤蜊放入盐水里面吐沙。

有的包装上面说“已经吐沙”，但是，我建议还是要自己处理，只要有一个还有一点点的沙，就会弄坏你辛苦做的料理！(T_T)保持温度在15°，感度3%（与海水一样），放置阴凉的地方2小时。

2 用干净的水清洗壳的表面，像洗米一样的动作，放在网里沥掉水。

3 鲜虾尾巴留下，壳去掉。

如果鲜虾有头的话，可以留。

4 干贝对半直切。

不要横切，这样会熟的太快，也没有干贝特别的脆脆的口感。

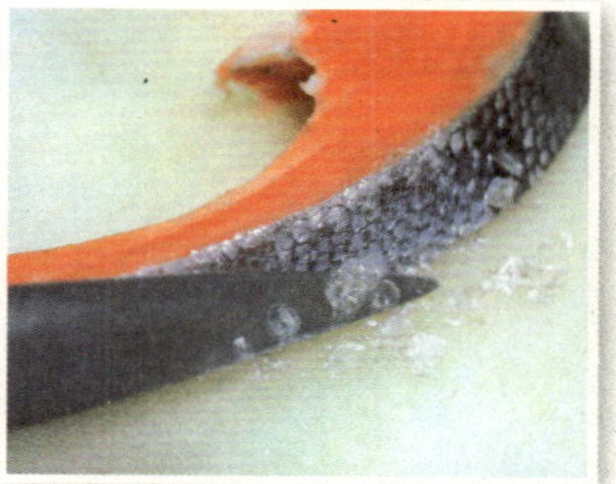

5 刮掉鲑鱼的鳞，切成容易吃的大小。

用鳕鱼做也非常好吃！(￣¬￣)

6 荷兰豆去掉蒂，蒜切薄片。

看季节适合的青菜，都可以用！

7 把处理好的材料全部放进电炖盅内锅里。

8 倒入白酒，外锅加入1/2杯水，盖上盖子后开始蒸！

如果想要日式一点的话，可以加些清酒！

9 海鲜蒸好后，锅底的汁倒出来放在碗里，放入切丁的香菜、盐和黑胡椒粉，加入橄榄油搅拌好，在海鲜装盘后淋上去，与刚才蒸海鲜用的白酒一起吃！赞！

Herb steamed Black cod with Oriental Salsa sauce

蒸鳕鱼与日式莎莎酱

2人份

大家过年休假时都做什么呢？去哪里玩？有没有吃很多好吃的……我休假时太开心、太放松了，去哪里吃都觉得很好吃，结果吃得太多了……(￣ ￣；）由于休假中吃了太多肉类，所以暂时不想吃口味太重的食物，要让我的肠胃休息一下，想吃些清淡一点的东西。那么，就来蒸鱼吧！其实蒸鱼的方法有很多，而且如果没有好好处理，导致腥味太重就没办法好好享受。所以我想要介绍一种简单但很特别的方式！结果，香喷喷的蒸汽跑出来，使厨房里面充满香气！这次特别用台湾的秘密武器——电炖盅，来看看怎么做吧！

延伸菜单
《在厨房遇见MASA》
P.106：简单鳕鱼排咖喱塔塔酱

Ingredients

[材料]

鳕鱼 black cod——4片
迷迭香 rosemary——6～8枝
（也可以用其他的香草，如百里香）
盐 salt——适量
胡椒粉 pepper——适量
清酒 sake——适量

[日式莎莎酱]

圣女果（番茄也可以）——5～6个
mini tomatoes
洋葱 onion——1/4个
蒜（切碎）garlic paste——1～2瓣
香菜 cilantro——2～3把
酱油 soy sauce——1大匙
橄榄油 olive oil——2～3大匙
柠檬汁 lemon juice——适量

1 鳕鱼撒盐、胡椒粉后，淋一点清酒，放置10分钟左右。

用酒去掉腥味，如果没有清酒，可以用米酒或白酒，不一定要用鳕鱼，其他的白身鱼如鲑鱼也很好！

2 内锅里加一点清酒（或米酒、白酒），然后加入水（1～1.5cm）。

水不要放太多，刚好到等一下要放的铁箅子（有洞的）的下面就好了。

3 放入铁箅子（有洞的，不知道它叫什么），上面放迷迭香。

这次我用迷迭香，把你自己喜欢的香草放进去，设计你自己独特的香草组合！

4 将鱼码在香草上，再放几枝香草，放1～2小片的柠檬。

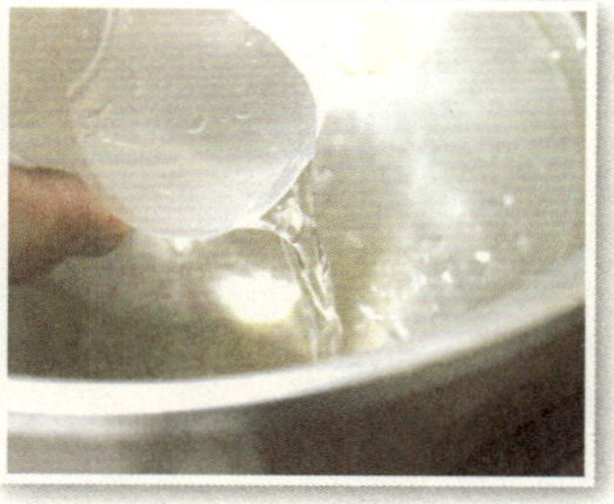

5 外锅里加入一杯水。

没有电炖盅？没关系！一般的蒸笼或普通的锅也可以做！

6 内锅放进去，盖上盖，按下开关键开始煮。

原本蒸东西的时候，我习惯先蒸笼开火，让蒸汽出来才开始蒸食材。但是，现在这样做比较安全简单，只要把东西放进去，打开开关键，就可以忘记它的存在！ ^^

7 将“日式莎莎酱”中的圣女果切丁。

8 再将洋葱切丁。

我用上次买的白洋葱，它的味道比较温和，所以没有特地泡水，如果你怕洋葱的呛味，切好之后放在网子里用水冲一下，再用纸巾或纱布挤干。

continue→

9 香菜切碎。将切好的菜放在碗里，加入蒜和调味料，拌匀。

调味料可以无限的组合是！把你喜欢的口味放进去，加入一点山葵、香油、辣椒都很好！

10 哇！闻到非常香的蒸汽，时间到了！等开关键跳起来后（大约15分钟）。打开看看……(￣¬￣) 看起来很好吃……

如果觉得准备莎莎酱很麻烦的话，没关系！略过做酱步骤，直接撒一点盐，再淋柠檬汁或淋一点酱油，也是很好吃的啦！ ^^b

料理知识：关于鱼

现代人吃肉太多，吃鱼太少，这次我先跟大家分享一点“鱼”的知识！大家多吃一点鱼喽！ ^^

◎红色鱼和白色鱼哪里不一样？

1. 红色肉鱼／赤身鱼（如金枪鱼等）

它们是远海鱼，游泳的距离很长。所以肉上的筋肉比较发达，肉本身比较紧。像人类一样，常参加运动的人，皮肤就比较紧，加热后，肉会越来越硬。

2. 白色肉鱼／白身鱼（如鲷鱼等）

它们是近海鱼，游泳的距离没有那么远。筋肉也不是很发达，肉比较软，味道比较淡，加热时很容易碎掉。

◎切生鱼片

鲣鱼、竹筴鱼味道比较强，搭配姜泥、蒜泥一起吃，比芥末酱更适合。还有一些配菜，如洋葱片、葱花、紫苏叶等。

＊其实，要看个人的习惯，坚持搭配芥末酱一起吃当然也可以！

◎烤鱼

日本“俗话”或“传说”中，烤鱼时“海鱼从皮烤，河鱼从肉烤”。

其实，很多餐厅（不管哪个国家的料理）的习惯是，给客人看先烤好的面，肉类、鱼类都一样。装盘时越往上的面越有“优先权”。但是，为什么有这样的“传说”？因为海鱼的油脂比较多。烤时要去掉多余的油分，所以皮（皮下脂肪最多）朝下烤。相反，河鱼的脂肪比较少，需要保留皮下脂肪，所以皮朝上烤，让油分进到肉里面去！不过，就像我之前提过的，看你买的鱼的状况，哪面先、哪面后都由你自己决定！在日本，一般家庭用煤气灶的台面下有烤箱，可以双面同时烤……所以，参考一下就好了！多吸收一种知识不会害你！好吧！今天的课就上到这儿！为了这堂宝贵的课程，大家记得多吃一点鱼，摄取多一点 DHA吧！ (*￣▽￣*)

Konyaku & Mushrooms Congee
Very time consuming Chest nut steamed rice
Enjoy Summer Vegetables! Spaghetti with BBQ Assorted Veg.
Spicy Stirfried Konyaku
Low cal. Kimchee & Konyaku Noodles
Cold Udon with variety toppings
Notto & Avocado Spring roll
Mini Kimchee rice pizza
Easy step 3-way asa-duke pickled veg.
Japanese Yam Pan fried cake
Cream cheese & Tofu salad with Wasabi dressing
Spring Egg Natto noodles
Flame broiled Eggplant cold pasta
Crispy Deep-fried Corn salad
Kama-age cold Udon
with Sesame Miso sauce

Konyaku & Mushrooms Congee

魔芋百菇杂炊

1人份

以前我住在日本的时候，肉、海鲜、蔬菜什么都吃，没见过素食主义者，在电视上看到迈克尔·杰克逊不吃肉，以为那只是电视里的世界……后来住在国外，遇到很多素食主义者，而且他们看起来与正常人没什么两样（不好意思！因为，我脑袋里面的方程式是：素食主义者＝迈克尔·杰克逊。(一_一;)）做菜时，常有不少客人提出吃素食的要求。到了台湾也一样，不少人都是素食主义者，包括我的博客里也常常有人留言说希望我介绍素食食谱。我个人是什么都吃，不管你是否跟我一样，我只想跟大家分享很多食谱！这次，我把以前做过的鸡肉杂炊改成素食食谱，用魔芋实现像肉的口感，和菇类的香味一起吃，一定会有满足感！而且比用肉类的热量低！不只素食主义者，喜欢吃肉的人也可以享受哦！

Ingredients

[材料]

- 米饭 steamed rice——120g
- 魔芋片 konyaku——1/2片
- 胡萝卜 carrot——1/4条
- 香菇 shiitake mushroom——1朵
- 杏鲍菇 abalone mushroom——1朵
- 蟹味菇 shimeji mushrooms——1/4包
- 鸡蛋 egg——1个
- 葱花 chopped green onion——适量
- 白芝麻 white sesame——适量
- 海苔丝 shredded seaweed——适量

[汤底]

- 水 water——250mL
- 酱油 soy sauce——1大匙
- 蚝油 fish broth powder——1/2小匙
- 盐 salt——少许

1 魔芋片用手撕成小块。

想要像肉一样的口感，就不要撕成太小的块！

2 放入开水里面焯一下，去掉腥味。

魔芋块里面先加一点盐揉一揉，再焯也可以。

延伸菜单 P.84：健康、简单千层卷心菜和百菇杂炊

3 胡萝卜切丝。

胡萝卜怎么切丝？请参考P.168步骤2～6。

4 香菇、杏鲍菇切片；切掉蟹味菇的根部。

5 不用切，用手撕开就可以！

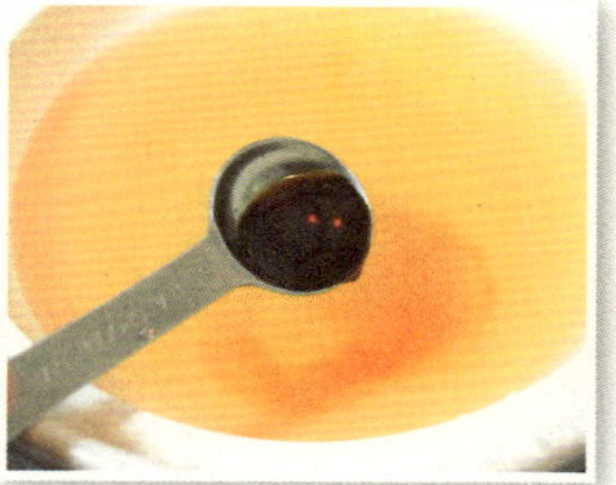

6 先做“汤底”。沙锅中加入“汤底”的材料，用中火煮。

7 把处理好的材料全部放进去。

8 汤开了，继续煮一下，让材料的味道都出来。

9 加入米饭，拌一下。

放入米饭后，不要煮太久！这是道杂炊，不是稀饭，要保留米饭的颗粒感！

10 蛋液利用筷子流到汤的表面，然后撒上一点葱花、海苔丝和白芝麻。

注意！不要一次倒太多！蛋液会沉下去粘住锅底！

Very time consuming Chest nut steamed rice

有空慢慢试试看!

非常手工 栗子炊饭

4人份

超市里有卖大栗子的！很漂亮的样子……买回来放在家里做装饰，很有秋天的感觉……但它是食物！当然可以做成很多料理和点心！唯一的问题是，它的硬壳该怎么处理？我来介绍处理方法！

Ingredients

[材料]

大米 rice——3杯
栗子 chestnuts——300g
海带 sea kelp——5～6cm
水 water——3¼杯
盐 salt——2～2½小匙
清酒 sake——2大匙
酱油 soy sauce——1小匙
黑芝麻 black sesame——少许

1 碗里面放栗子，加入热水，浸泡到水变凉。

2 在4～5杯的水里面放入海带，泡0.5～1小时。

因为海带会吸收水，所以要准备多一点的水，不用煮，泡在冷水里就可以！用日式高汤也可以！

3 米洗好，放在网上，放置半小时。

4 等水凉了，把栗子拿出来，切掉底部。

5 用小刀削掉剩下的壳。

要小心手！壳已经软了，用小刀削掉一点壳，然后用指甲也可以很容易地剥掉壳。

6 还没完呢，(一_一;)里面还有薄皮。同样，用小刀或指甲剥掉它。

这个动作不会很难，但需要花点时间，快要过年了，如果假期中无聊没事，也许可以做这个！\(*￣▽￣*)

7 把处理好的栗子放进盐水里防止变色。

8 终于全部处理好了！每颗切小块。\(^o^)

那么辛苦拿掉一整个栗子壳，为什么要切小块呢？因为用电炖盅煮的时间不够长，用较大颗的栗子一起煮的话，米饭熟了，而栗子还是硬的！

我切这么大（切1/4），有的电炖盅可以煮熟栗子，有的电炖盅还需要切得再小一点，要看你用的是什么样的电炖盅。

continue→

9 洗好的米放入电炖盅里，将准备好的海带水量好（2¼杯）倒进去。

10 放入切好的栗子。

11 加入调味料。

12 用汤匙搅拌一下，马上盖上盖子开始煮。

有一个常见的误解，常有人想要先将米泡在调好的水（已经加入调味料）里面，千万不要！><)// 因为盐的浸透力很强，泡太久后，煮好的米会有芯（还没熟的口感），还有调味料的比重比较高，它很容易沉淀，煮的时候锅底容易被烧焦了！

13 煮好后，再焖15钟左右，然后打开拌一拌，上下混合均匀。

你会发现，栗子表面变得黑黑的，这是正常的现象。如果一定要栗子保持黄黄的话，那就需要将栗子表面（薄皮拿掉后）再削掉一层。

至于如何处理栗子。外面有卖“调理包”的，只要跟米一起煮，既简单又好吃。你看看自己的情况而定。市场到处都是你可以享受的美味料理！

Enjoy Summer Vegetables!
Spaghetti with BBQ Assorted Veg.

享受天然的夏季蔬菜！
BBQ综合蔬菜意大利面

1人份

天气开始变热！好像跳过春天似的。这次从教室那边拿回来多余的茄子，跟别的菜一起做了意大利面！BBQ是一种非常好用的烹调方法，直接烤，菜的味道就会出来，而且还不会用到很多厨具，也不需要复杂的处理。我最喜欢健康、好吃、简单的料理！看冰箱里面是否还有没用完的蔬菜，或去市场看到应季的蔬菜就买回来，洗一洗放在烤箱里跟意大利面拌一下，菜的种类越多，味道与口感就越丰富！如果用好一点的橄榄油和盐，不用再准备其他酱料，也可以吃到高级意大利餐厅料理的味道！

Ingredients

[材料]

意大利面（用你喜欢的量）——120g
pasta

茄子（胖的）——1/2条
eggplant

番茄 tomato——1个

秋葵 okura——3～4个

竹笋（你喜欢的菜都可以用！）
bamboo shoot——1/2个

辣椒 chili pepper——1个

蒜 garlic——2～3瓣

迷迭香 rosemary——2～3根

松子（烤过） pine nuts——少许

橄榄油 olive oil——适量

盐 salt——适量

黑胡椒粉 black pepper——适量

延伸菜单
《在厨房遇见MASA》P.154 夏季野菜全集合！简单法国料理普罗旺斯焖菜

continue→

1 茄子、番茄切片（大概0.5cm厚），竹笋切半。

当然可以用长茄子!

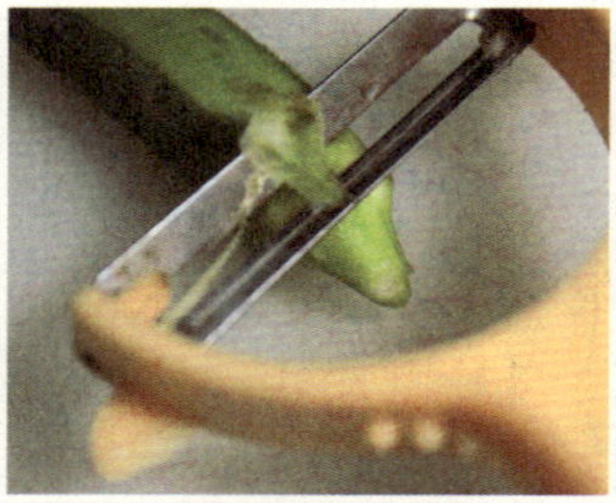

2 用削皮器削掉秋葵的头，上面撒盐滚一下，去掉表面的毛。

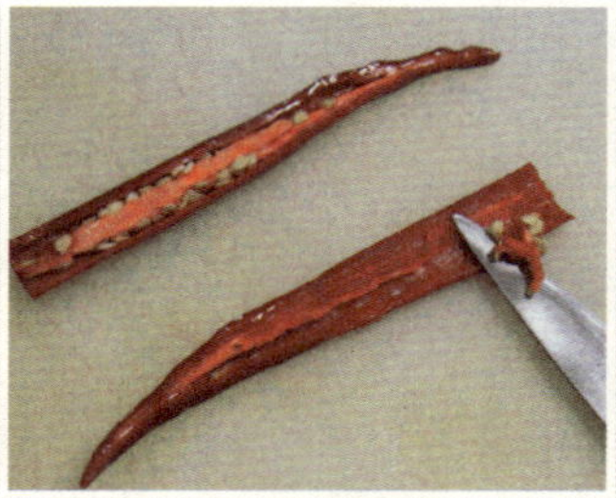

3 辣椒切半，将里面的子刮掉。

红甜椒也不错哦!

4 烤箱盘子上铺铝箔纸再淋上橄榄油，用手或刷子把油抹平。

5 放上切好的菜和迷迭香，撒上盐和黑胡椒粉，淋上橄榄油。

6 放入预热（250℃上火）好的烤箱里面。

我想让所有的菜都稍微变焦（BBQ），所以只开了上火；温度设定为最高，看你用的烤箱的状况再自行调整温度吧!重点是菜要烤到BBQ的样子。

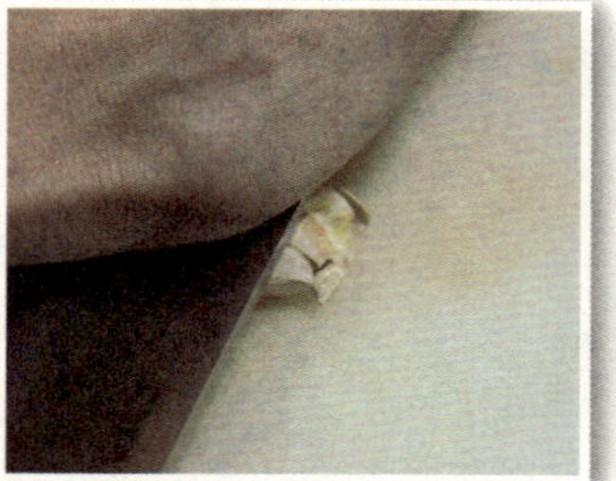

7 蒜（带皮）直接用刀压碎。

8 然后拿掉蒜皮。

这样不用麻烦地用指甲刮掉皮，可以避免蒜的味道留在指甲上。

9 锅里加入橄榄油。

不要开火，先放入蒜。

油温很高时加入蒜的话，蒜很快就焦了!（*_*）

10 转中火慢慢煎，让蒜的味道移到油里面。

蒜也可以放在烤箱里一起烤。但是，我想让意大利面吸收蒜的风味，所以没有放入烤箱。如果想要一起烤的话，就连皮一起烤。

11 开始煮面！怎么煮？请参考P.23步骤3～4。^^

12 烤到菜的颜色变成这个样子就行了！太香了！时间……对不起，我没有仔细看……o(_ _)o

如果感觉有的菜还没熟的话，把已经熟的先拿出来，还没熟的继续烤。

13 面煮好了，将面和一点煮面的水放入炒蒜的锅里，拌好，让水跟橄榄油稍微有一些乳化（汁变白白）的样子。

14 噢！差一点忘了，要加入炒熟的松子。

我用以前炒好的多余的松子。不加也行。

15 最后加入盐和黑胡椒粉调味，和烤好的菜一起装盘。

Spicy Stirfried Konyaku

小辣快炒魔芋

1~2人份

很多人都用魔芋来减肥。因为它的热量非常少，如果边吃魔芋边喝水，它会吸收水，并在肚子里面膨胀而让人产生饱腹感。而且，它有脆脆的口感，一直咬会刺激腹部神经，很快就会有吃饱的感觉。魔芋含有丰富的纤维，可帮助清理胃肠道，所以这么好的食物大家要多吃一点喽！但问题是，很多人说它有股怪怪的味道，打开包装时常会闻到这种很特别的味道，其实那就是石灰和魔芋本身的腥味。直接煮的话，味道去不掉，一定要好好处理才能去掉腥味。那么我就来介绍一道非常简单的小菜，里面加点辣椒，而且辣椒也有减肥效果！天气开始变暖了，一起来运动与控制体重吧！^^

延伸菜单
P.164：田园风味噌煮牛肉

Ingredients

[材料]

魔芋 konyaku——**1片**
香油 sesame oil——**1大匙**
辣椒（切片）chili pepper——**1根**
白砂糖 sugar——**2小匙**
清酒 sake——**3大匙**
酱油 soy sauce——**1.5大匙**
味霖 mirin——**2小匙**
盐 salt——**适量**

1 魔芋，这次我用的是灰色的。台湾地区卖的有灰色和白色的，两种都可以用，但我习惯用灰色的。

2 魔芋原本很难入味，有几种方法可以让它容易入味。我用手撕的方式，这样表面会呈现凹凸不平的样子，使味道比较容易留住，也容易入味。

还有，表面用叉子插出很多孔也是一个方法。

3 用凉水煮，沸煮2～3分钟。

4 用水冲洗，以洗去腥味。

5 锅里加入香油和辣椒，用小火炒一下，让辣椒的味道出来。

6 加入魔芋，开中火炒一下。

这是另一种去腥味的方法，让魔芋的水（腥味）蒸发。

7 调味料先全部混合好。

8 把调味料倒入锅里继续炒。

9 酱变得浓稠时熄火，装盘。

这样马上可以用，或一次多做一点，放凉后可以冷藏保存。放一个晚上会更入味！可以放在便当盒里面！ ^^v

Low cal. Kimchee & Konyaku Noodles

低热量
韩式魔芋面

1人份

这次，我使用的是在减肥时常常会用到的三种基本食材哦！第一种为豆腐，它热量低，有丰富的蛋白质。第二种为魔芋，热量几乎是零，会帮你打扫肠内的垃圾。第三种为韩式泡菜，用很多辣椒做的，辣椒会促进新陈代谢。

延伸菜单
《在厨房遇见MASA》
P.170：丰富纤维日本家庭料理“豚汁”

Ingredients

[材料]

豆腐 silk tofu——1/2盒

魔芋丝 konyaku noodles——220g

韩式泡菜 kimchee——60～70g

黄瓜 cucumber——1/4条

[酱汁]

日式柴鱼酱油（2倍）——2大匙
soba tsuyu

醋 vinegar——1大匙

豆瓣酱 Chili bean sauce——1/2大匙

白芝麻 White sesame——少许

1 煮沸的水中加入魔芋丝，让水再煮沸。

煮一下魔芋，会去掉它特别的土腥味，但煮太久钙质则会流失。

2 煮沸后，熄火。马上倒掉热水，把魔芋丝放在自来水下冲洗，然后放在冰箱里或加一点冰块。

3 把“酱汁”的材料放进碗里混合。

味道可以自行调整，但记得等一下要放泡菜，它很辣、很咸！

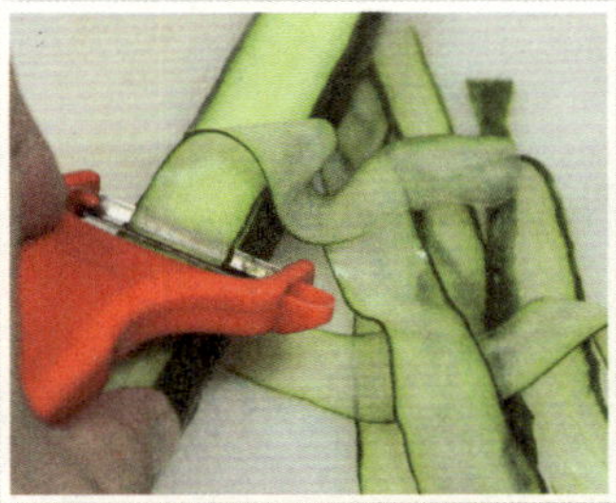

4 黄瓜用削皮器削成薄片。

切法用切丝、切丁都可以！

5 豆腐切成容易吃的大小。

6 冰好的魔芋丝切一下。

它很长，稍微切一下比较好拿。

7 开始装盘了！按照魔芋丝、黄瓜汁、豆腐汁、韩式泡菜的顺序摆好，最后淋上调好的酱。

Cold Udon with variety toppings

凉乌龙面

1人份

天气太热，如果没有什么食欲的话，那就吃凉面吧！日式挂面我吃腻了，凉乌龙面还不错，口感比较筋道，既好吃又简单！

Ingredients

[材料]

乌龙面（干的）——1把（约100g）
udon（dry）

日式海带或柴鱼酱油（2倍浓缩）
soba tsuyu——1/2杯

矿泉水——1/2杯
mineral water

鸡蛋 egg——1个

紫苏叶 oba——1~2片

日式梅子 umebosi——1个

葱 green onion——适量

海苔 seaweed——适量

1 蛋液放入平底不粘锅，开小火，锅倾斜，让蛋液均匀摊开。

2 如果不习惯翻面的话，蛋液均匀摊开后。用大火加热10秒后熄火，马上盖上盖子，等2分钟。

锅里面有余温，上面的蛋液也会熟透！

3 蛋皮放凉后，卷起来切丝。

4 切葱花。

用橡皮筋绑起来比较好切。

延伸菜单 P29：日式炒乌龙面

5 与乌龙面搭配一定要用的紫苏叶。

如果买不到紫苏叶，用罗勒试试看。

6 先卷起来再切成丝。

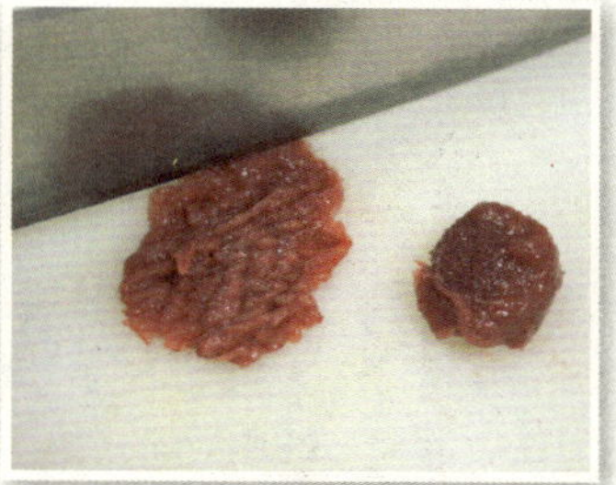

7 把日式梅子的核去掉，再剁成泥。

8 煮面。水越多越好，煮约15分钟左右，另外还要看包装上面的说明。

9 煮好后，马上在水流下洗掉面表面的面糊，然后放在凉水里冷却。

10 海苔很容易变软。怎么办！直接用煤气灶烤一下。烤好后剪成丝

注意！不要靠得太近。很危险！

11 “日式酱油”有柴（鲣）鱼、海带、香菇3种，风味都很好。

12 碗里面放一块冰块再倒入日式海带或柴鱼酱油及矿泉水。更凉！♪

Notto & Avocado Spring roll

养生纳豆鳄梨春卷

2片

我很爱吃纳豆，其实我很少介绍纳豆料理，怕大家不敢吃……但，没有关系，我还是要介绍！因为它有很多对身体有益的作用，可增加免疫力。总之，纳豆营养很丰富，对身体有利，所以要常常吃哦！问题是它的味道，很多人说它的味道太臭，所以我会尽量做味道闻起来没有那么强烈的料理！这次我用鳄梨、蛋黄酱来中和纳豆的味道，然后用米皮或春卷皮包起来煎，味道还是有一点，(一_一;) 口感也黏黏的。如果你原本就喜欢纳豆的话，可以享受脆脆的皮，里面纳豆和软软的鳄梨对比，再蘸芥末酱，真的非常好吃！至于不敢吃纳豆的人，呃……总之……我会继续研究大家可以享受的“纳豆料理”！～♪

Ingredients

[材料]

纳豆 natto——1包

鳄梨 avocado——1/2个

蛋黄酱 mayonnaise——2小匙

米皮或春卷皮——2张
rice paper or spring roll sheet

面糊 paste——适量

酱油 soy sauce——适量

芥茉酱 wasabi——适量

1 首先，我想给大家看纳豆怎么用。每次拿掉上面薄膜的时候，会有好几颗纳豆粘在一起散不开，这里有个解决的好方法！从薄膜中间捏起，卷起来后再拿掉，这样薄膜上的纳豆就容易散开了。

2 加入包装里附赠的酱和黄芥茉。

延伸菜单 《在厨房遇见MASA》P.152：鳄梨和韩式泡菜冷豆腐

3 用筷子搅拌多次，搅拌次数越多越好吃！

纳豆里面有氨基酸，即甜味成分。搅拌100次后甜味会比原来的多出两倍！加油！

4 鳄梨切开，去掉种子后切取1/4，皮留着，用刀子刮切2～3次（不要切到皮），像切芒果一样。

5 去掉皮。图片上的鳄梨看起来是一整块，实际上已经切片了！

6 米皮或春卷皮，一半放刚切好的鳄梨。这次我用春卷皮，但是，如果有可能的话我建议用米皮做，煎过的米皮比较脆。

如果用米皮做的话，把米皮过一下水再做此步骤，千万不要泡在水里，米皮变软后不好处理！

7 鳄梨之间放纳豆，淋上蛋黄酱。

还可以放一些其他的材料：海苔、起司、银鱼都很好。发挥创意，你就是最好的主厨！^0^)/

8 反面用刷子涂上面糊。

9 皮折起来。

也可以一整面都放上鳄梨，再用另一片皮盖上去，做成一大片的圆形“比萨式”春卷！

10 用不沾锅，不需加油，直接用中火把两面煎到金黄色，然后切片装盘。旁边摆放酱油和芥末酱。

Mini-Kimchee rice pizza

迷你
韩式泡菜
锅巴比萨

6片

假日里，大家会去什么特别的地方玩吗？最近非常冷……大家一定要多穿一点衣服哦！这次，我想介绍一道下酒菜。元旦时我们会喝小酒，我原本是用培根和香菇加鲜奶油做成一种酱，淋在米饭上吃，但是我打开冰箱闻到泡菜，突然改变主意想做别的料理！泰国有一些带有奶味跟酸酸辣辣味道的料理，和韩式泡菜很像，放在一起试试看味道如何？鲜奶油把泡菜的呛味变温和了，非常香！而且下面锅巴的口感也非常好！

延伸菜单

P.42：简单快速！多彩口味迷你比萨

Ingredients

[材料]

- 米饭（热）steamed rice——150g
- 香菇 shiitake mushroom——2朵
- 培根 bacon——2片
- 奶油 butter——2小匙
- 韩式泡菜 kimchee——100g
- 鲜奶油 whiping cream——100mL
- 葱花 chopped green onion——适量
- 海苔丝 shredded seaweed——少许

1 米饭放在密封袋里。

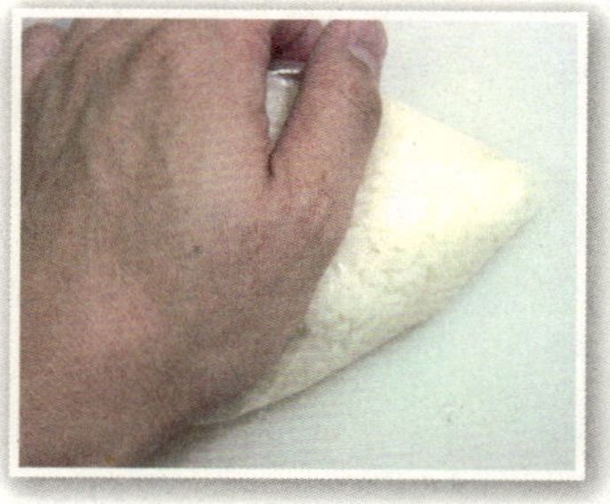

2 用手揉至米饭粒粘在一起后，压扁。

没有揉好的话，等一下切片的时候容易散开，要小心。但是不需要揉太久，因为我还要保留饭粒的口感，不是麻薯的样子。

3 袋子打开，把刀弄湿了再切。

为预防米粘到刀上，一定要把刀弄湿。

4 锅巴的大小自行决定！看你所用锅的大小。

你可以做成圆形，像比萨饼的样子。

5 放一点点油，开火煎到米饭呈金黄色，熄火，保温。

6 炒培根，香味出来后，加一点奶油，放入香菇继续炒。

7 加韩式泡菜拌一下，再加鲜奶油。

8 煮一下，让味道融合起来，盛在煎好的锅巴上面，放葱花、海苔丝。

味道已经很强烈，什么调味料都不用加了。试味道，味道不够再加泡菜汁或酱油，如果太干，可以加一点水。用法国面包、吐司、馄饨皮做都可以！

Easy step 3-way asa-duke pickled veg.

简单！快速！3种“浅渍”泡菜

6人份

大家想象中的日式泡菜是什么样呢？日本有很多种泡菜，不一样的地方有不一样的制作方式，有咸的、酸的、辣的……我现在没有像以前住在日本时那样常吃。台湾的泡菜也很好吃，但是，最近我曾做过一些泡菜。日式泡菜一定要用糠吗？需要腌很久吗？日本的泡菜会不会很咸？这次我想介绍用简单买到的菜，用非常简单的方式“浅渍”（Asa Tsuke，指“即席泡菜”）来做泡菜。研究时我太贪心，做了3种，每种都有不一样的美味，步骤简单，看看大家觉得哪种是你最想要做的，或全部都试试看也不错！

Ingredients

[芥菜头柠檬渍]

芥菜头（白萝卜也可以）turnip——250g
盐 salt——少许
辣椒 chili pepper——1个
柠檬（柚子也可以）citrus fruit——1/4个

[腌汁A]

盐 salt——1/2小匙
醋 vinegar——2大匙
白砂糖 sugar——1大匙

[荠菜头京味噌渍]

芥菜头（白萝卜也可以）turnip——250g
黄瓜 cucumber——1根
盐 salt——少许
京味噌 White sweet miso——2～3大匙
清酒 sake——1小匙

[红白萝卜丝渍]

白萝卜 daikon——200g
胡萝卜 carrot——50g
盐 salt——少许

[腌汁B]

醋 vinegar——2.5大匙
白砂糖 sugar——1大匙

延伸菜单
《在厨房遇见MASA》P.168：冬天必须的料理！简单关东煮

1 首先做“芥菜头柠檬渍”。买了芥菜头，在编辑这张图片时突然发现它很像一张脸的样子。实在忍不住，我帮它加了眼睛！嗨，小鸭子！(*￣▽￣*)

本来我想要用“日本芜菁”，它很像白萝卜，但比较圆，可是买不到，所以买了芥菜头来试试看！用白萝卜代替也可以。

2 皮削去的多一点。

我发现它的皮很厚，用削皮器削不到心。直接用刀削比较快。

3 切薄片。

4 放入盐拌一下，让盐均匀散开，让菜出水。

很多种泡菜都用这个方式。先撒盐让菜的水出来，这样才好入味。盐的用量大概是菜的总重量的1%～2%就够了。500g的菜需用5～10g的盐。

5 “腌汁A”混合好。

6 柠檬切半，削掉表皮。

7 把切下来的表皮切成丝。

注意！柠檬皮不要削的太厚，皮下面的白色部分有苦味！

8 调好的腌汁里面放入切片的辣椒和柠檬皮，挤入些柠檬汁。

如果你用小辣椒（比较辣的那种）则不用切，整个放进去一起腌，装盘的时候再切片撒在上面。看你喜欢的辣度！

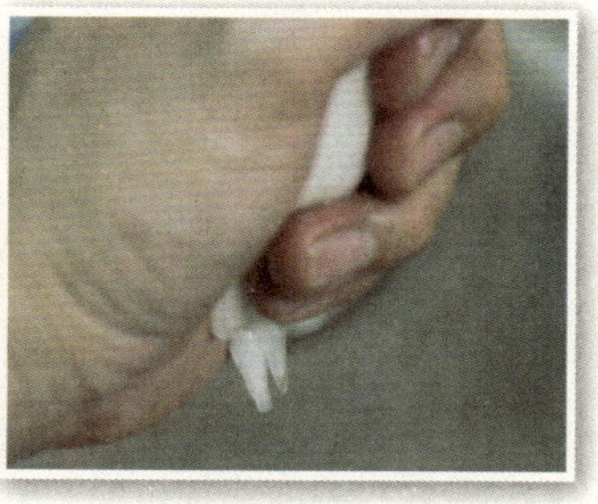

9 等到芥菜头变软、出水（约半时）后，用手挤掉多余的水。

continue→

10 放入步骤8的腌料里，拌一拌，放入冰箱冷藏起来，让它入味。

放置1～2小时就已经入味。等一个晚上会更加入味，比较温和。

11 接着做“芥菜头京味噌渍”。同样削皮后切块。加入少许的盐（盐的量是菜量的1%～2%）。

12 来，我想介绍一种特别的装饰切法！黄瓜旁边放两根竹签，之后开始切薄片。

因为下面有竹签，刀子没有办法完全将其切断，黄瓜还连在一起！

13 然后切成5cm 左右的段。

14 在上面直切到2/3！不要切到底哦！

15 再分开切成自己喜欢的大小。

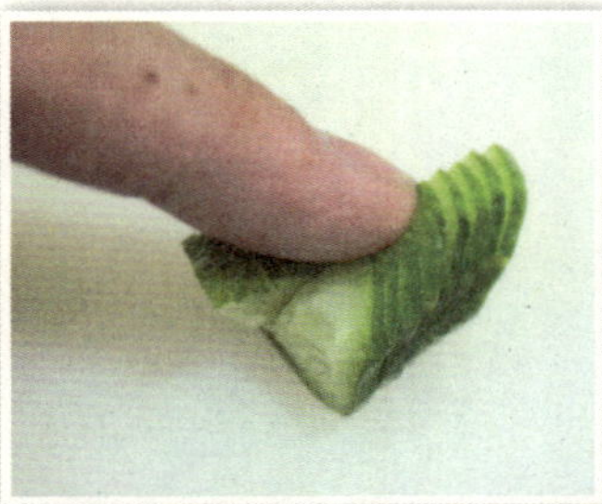

16 看看它会变成什么样？右边压，左边相反压。哦，天呐！这是？日本人叫“舞鹤”（Mai-Zuru）。

17 （・＿・;）ん？不像鹤？好吧，这是他们说的，┐(－_－;)┌ 我觉得，嗯，不管怎么样，反正很漂亮的啦！♪

18 撒盐是让它出水、变软。

19 京味噌里加入清酒搅拌好。

这次我用“京风”味噌。它的咸度比较温柔不用怕变太咸，如果买不到这种味噌，可以加入味霖。把咸味中和一点。

20 将变软的芥菜头和小黄瓜挤出多余的水后，放入调好的京味噌里拌一拌，冷藏起来让它入味。

21 最后做“红白萝卜丝渍”。将白萝卜切薄片。

22 一片一片排好后，再慢慢切丝。

23 胡萝卜也采用同样的切法切丝。

24 两种丝都撒盐（盐的量是菜量的1%～2%）拌一下，让它出水、变软。

25 把“腌汁B”混合好。

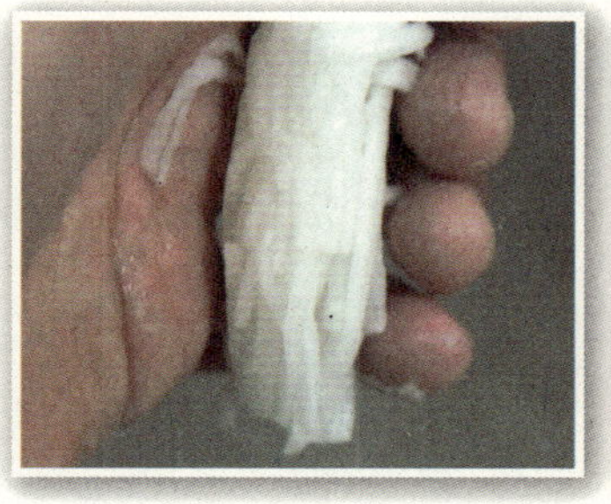

26 将变软的菜（白、胡萝卜）挤出多余的水。

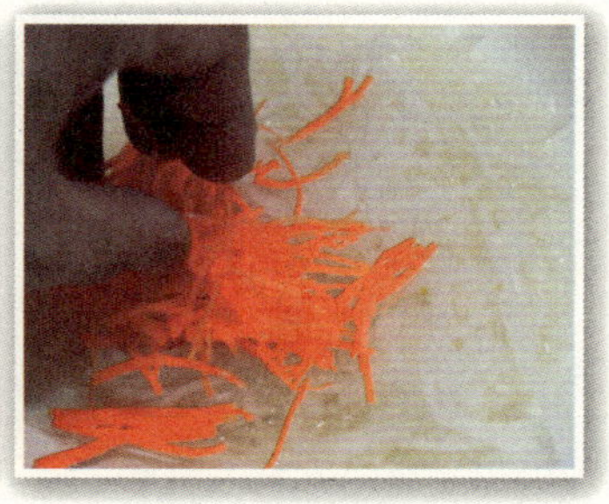

27 在放入调好的腌汁里面。拌一拌，冷藏起来，让它入味。

放置1～2小时就已经开始入味。等一个晚上则更加入味，比较温和。

Japanese Yam Pan-fried cake

当点心、配酒都可以！

健康山药“矶边风”煎饼

15片

肚子有点饿，但不想吃口味太重的食物，也不想吃口味太淡的食物。在日本，小时候我肚子饿时，妈妈常给我们吃“矶边烧麻薯”，直接煎或用烤箱加热后，用海苔片卷起来吃，我可以吃好几片（成长期的少年一点都不顾忌热量，也不怕胃的消化状况）。现在的我没有再成长，吃东西要保守一点，因为我很爱这种用海苔片包起来蘸酱油吃的食物，如果，不用糯米做，我还可以用什么？哦，冰箱里有山药！利用它的特性，做煎饼看看，吃起来口感没有麻薯那么重，但是稍微有筋道的样子，而且营养也丰富！

Ingredients

[材料]

- 山药——1根（5～6cm） japanese taro
- 白醋 white vinegar——少许
- 盐 salt——1/2小匙
- 淀粉 potato starch——1小匙
- 海苔片 seaweed——4张
- 白芝麻 white sesame——适量
- 酱油 soy sauce——适量

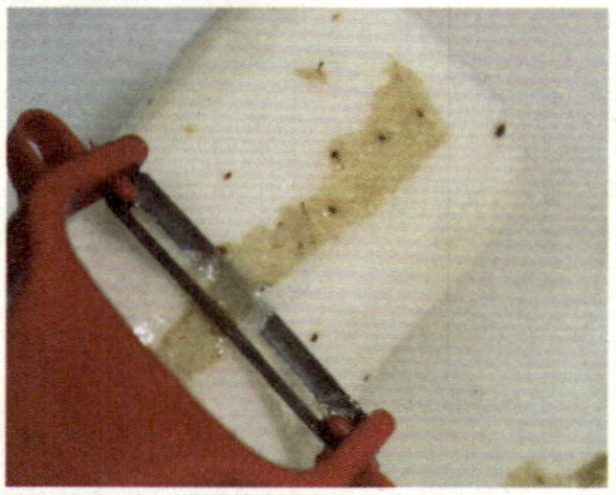

1 山药切取5～6cm，去掉皮。

2 放在袋子里面，用擀面杖打成泥。

用磨泥板也可以。

3 山药容易氧化变色，如果看到它开始变色，可以加一点白醋，揉一揉让它停止变色。

加醋会不会变酸？不必担心！一点醋不会影响到山药的味道。

4 加入盐调味道。

盐的量可以自己调整，加入一点酱油也很好。

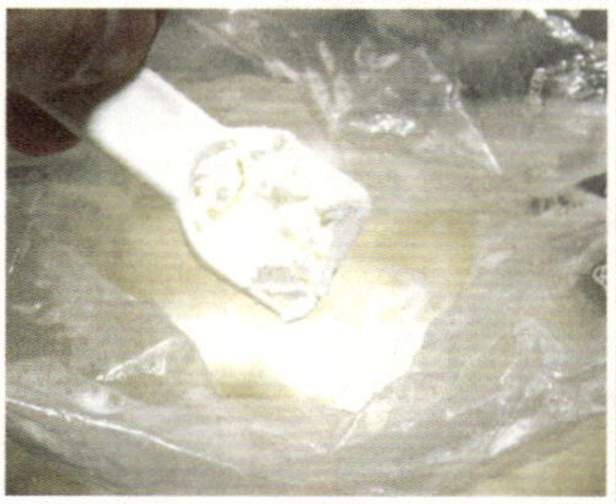

5 加入淀粉。

本来山药很稠，不用再加入淀粉之类的东西。因为有些山药的水有点多，需要补淀粉。这次我加一小匙，如果还会散开，再加些淀粉。

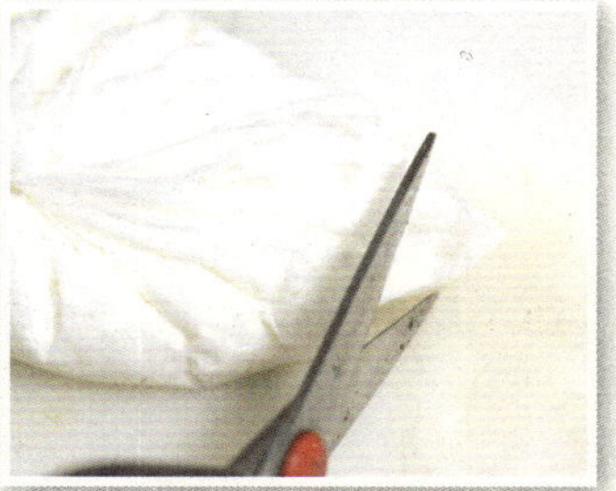

6 把袋子的一角剪掉。

7 在平底锅上涂一点油，将山药挤出来，用小火慢慢煎。

不一定要一个一个小小的挤出来。做一整大片也可以!

8 在上面撒一点白芝麻。

除了白芝麻以外，也可以撒海苔粉、七味粉、柴鱼片。把你喜欢的东西都放上去!

9 两面煎到呈金黄色，熄火。

10 将海苔片剪成适当的大小。包起来装盘。

如果喜欢的话，可以配一点酱油!

延伸菜单

《在厨房遇见MASA》P.142：“矶辺烧风”萝卜糕

Cream cheese & Tofu salad with Wasabi dressing

豆腐起司沙拉和意式芥末酱

1人份

起司不只是用在甜点中，还可以涂在吐司上的。这次我买了起司块，想做很简单的沙拉，淋上芥末酱、酱油、橄榄油……觉得奇怪吗？以前我做过一道意式沙拉，用橄榄油，并淋上一点意大利黑醋，但不小心错拿了酱油淋上去，吃一口……哇！味道还不错！后来又加了一点芥末酱在里面，味道更好！其实这样组合并不会让人感到奇怪，外国有卖奶油起司寿司卷沾芥末酱的，我曾吃过，味道很相配。这次我加了豆腐，起司的浓口味和豆腐的柔软口感，一起享受！

*不一定要用起司，用意大利白干酪也很好吃！

*如果你介意热量，不加起司也很好吃喽！

Ingredients

[材料]

- 起司或意大利白干酪 cream cheese or mozzarella——50g
- 嫩豆腐 silk tofu——1/2块
- 圣女果 mini tomatoes——3～4个
- 罗勒 basil——3～4叶
- 橄榄油 olive oil——1/2大匙
- 酱油 soy sauce——2小匙
- 芥末酱 wasabi——1/4小匙
- 海苔丝 shredded seaweed——少许

延伸菜单
《在厨房遇见MASA》P.156：简单！山药和秋葵养身凉豆腐

1 起司切小块。

用意大利白干酪做也很好吃!

2 嫩豆腐放在手上切小块，豆腐很软，放在手上切，直接放入碗里面。

小心！不要前后滑刀！垂直切就好了。

3 圣女果切块。

4 用手把罗勒撕成小片，把切好的材料全部放在一起。

为什么用手撕？因为罗勒易氧化变黑。

5 淋入橄榄油，拌一下。

6 在盘子里放点酱油，放点芥末酱，搅拌均匀。

7 装盘，淋上步骤6调好的酱汁，撒上海苔丝。

还有，这道料理好玩的是，豆腐跟起司很像，分不出来(*_*)。

Spring Egg Natto noodles

温泉蛋纳豆面

2人份

鸡蛋，有很多种吃法，这次我介绍一种吃法特别但步骤非常简单的料理。你应该听说过温泉蛋吧！台湾也有很多地方可以做天然温泉蛋。如果要吃，一定要去那里吗？不用吧……へ（´o ‘）へ 所以，这次我来做给你看。以后早餐，午餐，晚餐，任何时间你都可以吃温泉蛋喽！它怎么吃？一般是蘸酱油直接吃，但是我已经这样吃过好多次，所以，不好意思请大家配合我做这个看起来怪怪的但味道很棒的面！谢谢！(*￣▽￣*)

Ingredients

[材料]

- 温泉蛋 hot spring egg——2个
- 纳豆 natto——1盒
- 山药——60g japanese yam
- 荞麦面 soba——1把
- 葱花——少许 chopped green onion
- 海苔丝——少许 shredded seaweed
- 水 water——1200~1300mL

1 做温泉蛋。将1000mL的水煮沸。

开始煮水之前要确认锅的大小，蛋一定要能完全没在水里。

2 加200（冬天）～300mL（夏天）的水（直接用自来水）。

夏天、冬天，用自来水的水温不一样。

3 慢慢放入两个从冰箱拿出来的鸡蛋。

鸡蛋太多会改变水的温度，要注意！

3 将锅离火，盖上盖子。

煤气灶上的余温会影响锅里的温度。

延伸菜单 P.192：养生纳豆鳄梨春卷

5 设定12分钟。

6 时间到了，蛋拿出来，打开。

如果不马上吃的话，放在凉水中去掉余温。

你做的怎么样呢？

每个家庭的厨房厨具状况不一样，就算用一模一样的步骤，还是会有失败的可能性。

a 打开时，蛋清黏到壳，非常不好拿出来，表示温度太高，需多加点水。

b 蛋黄还没熟，表示时间太短，再煮几分钟。

c 刚刚好，很漂亮，那就赶快吃吧！

7 接着做纳豆面。这次用的是荞麦面，日本还有茶荞麦面。看你喜欢什么面，乌龙面就不错！

8 先煮面，煮到自己喜欢的程度，熄火，面捞出来，马上放在水流下，洗掉面表面的黏液。

9 打开纳豆，加入里面附带的调味料，搅拌到变成白色。

搅拌次数越多次甜味越浓。

10 山药削皮，放入袋子里面，敲打成泥。

11 把袋子的一个角剪掉，从此处挤出山药泥，然后放纳豆、温泉蛋，吃的时候再淋上日式柴鱼酱油。

Flame broiled Eggplant cold pasta

焦掉才好吃!
烤茄子凉面

1人份

最近我跟茄子很“亲近”，之前介绍过比较胖胖的茄子，这次我用在一般超市就能买到的很细、很长的茄子。很多人跟我说，日本的茄子很好吃，虽然台湾的茄子长得不像日本茄子，但是，台湾的茄子也是很好吃的!只是看你怎么烹调，把它变成超级美味茄子！这次我用“烤”的方式，烤的过程看起来不像是食物的样子，可怜的茄子，焦掉了！ (T_T) 但是，处理好之后吃一口，哇，带一点焦焦的风味，太好吃了！ ＼(>◇<)/

其实不只日本料理会用这种特别的烹饪技术，西方国家也会，像红甜椒也是用烤的，然后处理掉皮，里面的肉很好吃！这道烤茄子，一般我们直接淋酱油吃，但是，这次我做成一道可以吃饱的料理!

Ingredients

[材料]

- 细面条 fine noodles——1把
- 茄子 eggplant——1跟
- 姜 ginger——少许
- 鸡蛋 egg——1个
- 葱花 ——少许 chopped green onions
- 柴鱼片（素食就不加柴鱼片）——少许 katsuobushi
- 日式柴鱼酱油——1/2杯 soba tsuyu

*素食可以用日式海带酱油。

1 台湾的茄子，长得很长。

2 将茄子去蒂。

3 用筷子从它的底部插进去，做一个洞。

因为烤的时候，茄子里面的水变水蒸气。如果没有地方可以散出去，会一直在茄子里面，结果是茄子会变得水水的，不好吃，或者它会被胀破!

4 之后在表面（皮）划一刀。

这样的茄子等一下皮比较好处理。

延伸菜单 P137：“奇玛咖喱”铁制便当

5 煤气灶上放一个网，用中火将茄子烤焦！

如果有的话，可以用中秋节烤肉用的那种网子，可以烤得比较均匀。

6 确认茄子全身都焦到这么黑！

不用怕！一定要等茄子全身变很黑！不够焦，等一下拿掉皮的时候会很难！

7 可怜的茄子，焦掉了！

8 但是！去掉皮，看看里面，哇！好香！可以用两个方式：A.用湿布擦表面。

9 或B.放入凉水里用手直接拿掉。

不要一直放在水里面，它会吸收很多水。在水里面洗一洗就可以了。

A、B方式都可以。有人想要保持菜的100%味道，所以不想泡水；有人怕表面炭化的食物不健康，坚持要清理掉。看你喜欢的方式。

10 看！它变得蛮漂亮的！♪ ＼(^o^)

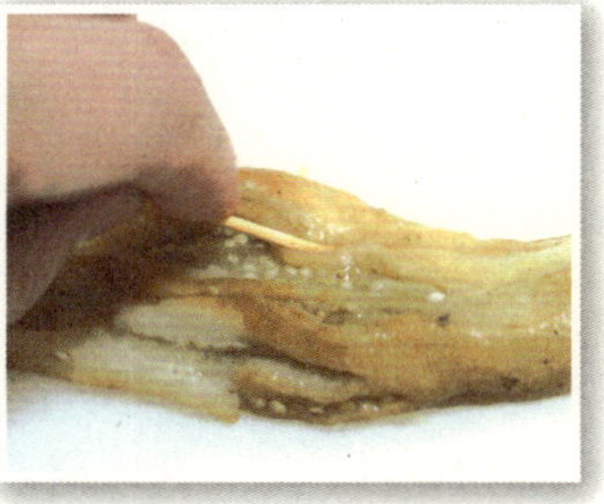

11 切成3～4段，之后用牙签刮开。

这样刮开比较自然，且好入味。

12 在日式柴鱼酱油里面腌一下（5～10分钟）。

日式柴鱼酱油的浓度，怎么调（加入多少水）要参考包装后面的说明哦！

13 做蛋丝。步骤请参考P190步骤1～3。

14 因为姜的表面凹凸不平，用汤匙刮比较方便！

15 做姜末，最麻烦的步骤是做完后洗工具，因为它有很多纤维，磨好后纤维都卡在磨泥板上不好洗掉。秘密武器来了！

16 铝箔纸贴在磨泥板表面。轻轻压下去让尖的部分凸出来。

17 然后开始磨！跟平常一样可以用！

18 然后把铝箔纸拿掉，用手或刮刀拿下粘在纸上的姜泥！看后面的磨泥板，一点都没有被纤维塞住！用水冲一冲就好了！ ^0^)v

19 开始煮面了！我这次用的面不如细面那么细，也没有乌龙面那么粗，差不多中等粗细的样子。参考包装后面的煮面时间。

当然可以用你习惯的面！荞麦面也不错！

20 煮好后的面冲水，洗掉表面的面糊。面先装盘，放上蛋丝、茄子、姜末、葱花、柴鱼片，吃的时候再淋上日式柴鱼酱油！好好享受烤茄子吧！

Crispy Deep-fried Corn salad

太好吃，吃不停！ 要小心！

炸玉米沙拉

6人份

延伸菜单

《在厨房遇见MASA》P.167：非常玉米浓汤

玉米要爆？MASA疯了！像爆玉米花，它会爆炸呢！(*_*;)不过，我做了好几次，目前没有碰到那么剧烈的状况，而且炸过之后的玉米太香了！我特别喜欢用天妇罗面糊炸，酥酥脆脆的玉米饼配酒也很适合吧！（￣¬￣）←小心吃得太多了！但是，这次我想要做清爽一点的沙拉！炸玉米配上脆脆的新鲜生菜，再淋清爽的苹果和紫苏叶沙拉酱，味道太绝妙了，苹果的水果甜味，紫苏叶的香味，跟爆过的玉米花非常适合，一点儿都不会油腻！

Ingredients

[材料]

玉米 corn——2根

京水菜 pot herb leaves——3把

圣女果 mini-tomatoes——6个

[天妇罗面糊]

面粉（低筋）cake flour——80g

泡打粉 baking powder——1小匙

鸡蛋 egg——1个

凉水 ice water——100mL

烧酒 (Jpn)vodka——50mL

[苹果和紫苏叶沙拉酱]

紫苏叶 oba——4片

苹果 apple——1/2个

酱油 soy sauce——2大匙

味霖 mirin——2大匙

色拉油 salad oil——2大匙

白醋 white vinegar——1大匙

continue→

1 准备“天妇罗面糊”。将面粉过筛。

2 在筛好的面粉里加入泡打粉。

加一点泡打粉比较容易膨胀起来，但是不要加得太多。

3 用搅拌器将粉类混合均匀。

4 凉水里加入烧酒。

5 加入鸡蛋搅拌，确认鸡蛋和水混合均匀。

6 在步骤3里一边加入步骤5的鸡蛋水，一边用筷子拌一下。

为什么要用凉水？因为做天妇罗最重要的秘诀是温差。油温很高，材料温度很低，才会变成那么脆的皮。

清酒也有酒精，所以也可以用，因为浓度不一样，酥脆度可能不太一样。但还是会脆脆的！有人也会用啤酒做，像英国料理的炸果饼也是一样。

不要用搅拌器！也不要搅拌太多次！搅拌太久会产生很多面筋，这样的话皮会很厚，变成像甜甜圈一样的口感。

7 用刀削下新鲜的玉米粒。

8 削掉的玉米粒里面加入步骤6的面糊。

9 用汤匙挖出来一小块。

它很硬，不好切，先切短一点再慢慢削，要小心手哦！

确认玉米洗过以后已完全干，爆的时候有水比较容易爆！

10 用另外一个汤匙轻轻刮入预热好（约180℃）的油里面。

小心！玉米有可能爆开！温度越高，概率越高！（ ＞＜）//如果怕，可以用把手长一点的汤匙做。

11 在玉米中间用筷子刺一个洞。

中间有洞，油会对流。玉米会变得更脆！

12 炸好后轻轻放在纸巾上吸收多余的油分，撒上一点盐。

这个已经可以当做非常美味的点心！我“偷”吃了好几个……

13 将“苹果和紫苏叶沙拉酱”中的调味料混合好，加入磨好的苹果泥。

加入苹果的圆润甜味会很好吃！

14 加入切末的紫苏叶。

没有紫苏叶，可以改用香菜或罗勒代替。

15 京水菜洗好，切成容易吃的大小，圣女果每个切成4份，装盘即可。

Kama-age cold Udon with Sesame Miso sauce

芝麻辣味噌 凉釜扬乌龙面

1人份

介绍乌龙面料理时我常常用到冷冻的乌龙面，有人觉得这样不太像传统步骤，一定要用干燥的面……干的也很好吃，但有时候要看是怎样做的乌龙面料理，炒的话比较适合用冷冻的，因为解冻的时候它会稍微吸收酱汁，吃起来面会比较入味。因为冷冻面是在工厂那边把新鲜的面团马上切丝，马上煮，马上瞬间冷冻起来的，这样可封住面新鲜筋道的口感。一般干燥的面是把做好的面团切丝，挂上去放置，让它干燥后再包装。味道、口感跟冷冻的不一样。如果你还没有吃过冷冻的，那就赶紧试试吧!

Ingredients

[材料]

- 冷冻乌龙面——1把 frozen udon
- 绿色蔬菜——适量 green vegetables
- 海苔丝——适量 shredded seaweed
- 辣椒油 chili oil——2小匙
- 水 water——2大匙

[日式芝麻凉面酱]

- 芝麻粉——1.5大匙 sesame powder
- 芝麻粒——2小匙 white sesame
- 味噌 miso——1小匙
- 味霖 mirin——1小匙
- 酱油 soy sauce——1大匙
- 蛋黄酱——1大匙 mayonnaise

1 把“日式芝麻凉面酱”的材料混合好。

味道可以自己调整！做给小朋友吃的话，再加入一点水就好了。

2 如果喜欢辣的，可以加入辣椒油。

分量自己控制！我用一点点而已。f(^_^;)

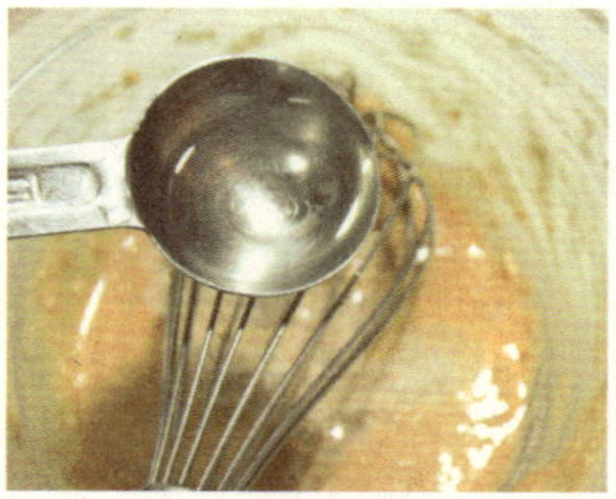

3 加些水，调整浓度。

用你习惯的稠度。

4 我用冷冻的乌龙面。我觉得口感很筋道！又方便！

5 面不用解冻！冷冻的面直接放进开水里就好了！

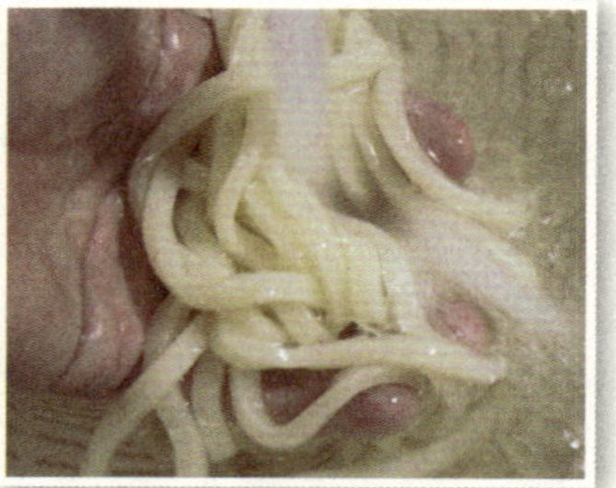

6 面用水冲一冲，然后放入凉水中。装盘之前，放在网里沥去多余的水。面上面放焯过的绿色蔬菜、海苔丝。

延伸菜单 P.40：韩式泡菜炒乌龙面

Green tea & Red beans pond cake
Baking powder-free Home made Banana pancake
Basic Wagashi-Red beans Filling
Kyoto Pastry-Red bean weet Wonton.
Easy steps-Sponge cake
Strawberry Short Cake
Home make Hone cake
Oven-less Caramelized Apple Pan cake
Every body let's dig in! Sticky Sweet Rice balls
Crispy Wonton Pie with Raspberry Cream cheese filling
Peach filling cheese cake
Gourmet Pudding Rolled Crape
Almond tart with Custard cream& Grapes topping
Play dough ABC! Pete.Brisee
Play dough XYZ!Pumpkin & Spinach Quiche
Must have item for picnic!Easy Mulberry pie
Tofu Cheese cake with Raspberry flavor
Handy-Dandy Mini Apple pie
Chest nut Mini tart
Toast Tower with Maple syrup & Ice cream
Green tea & Japanese yam cookies

Part 6

MASA的简易点心

MASA's Dessert

Green tea &
Red beans pond cake

抹茶和红豆蛋糕

1个

我整理抽屉时，找到很久以前买的红豆罐头（已经煮熟调好味的），用红豆可以做什么甜点？和果子？不一定哦！可以做出很多种的甜点！这次我想到用简单的方法就可以烤出来的蛋糕。只要加红豆烤就很好吃，但是，这是MASA的食谱，当然要换点花样！我想再加一种材料——抹茶粉，这是我最喜欢的材料之一，又香又漂亮！而且红豆和抹茶非常搭配！

1 抽屉里找到的红豆罐头，是已经调好味道的，打开后可以直接使用。

2 烤模（宽8.5cm×长18cm×深7cm）里面涂油，我用油喷的方式，涂奶油也可以。

3 涂后，撒上一点面粉。

很多烤模里已经处理好，像不粘锅一样，但万一黏焦，就很难拿出来。放烘焙纸也行。

4 松饼粉里加白砂糖，用滤茶网筛入抹茶粉。

5 用打蛋器搅拌好。

6 加入鸡蛋、牛奶搅拌混合好。

延伸菜单 《在厨房遇见MASA》P.180：简单！上品！抹茶慕斯

Ingredients

[材料]

- 红豆（煮熟&调味好）——100g canned red beans
- 松饼粉 pancake mix——200g
- 抹茶粉——1.5小匙 green tea powder
- 白砂糖 sugar——50g
- 鸡蛋 eggs——2个
- 牛奶 milk——100mL
- 奶油 butter——50g

*可以增加红豆的分量，但要记得砂糖要减量。

7 奶油用微波炉或锅融化后，加入步骤6搅拌好的粉类里。

8 把量好的红豆放在碗里，加一点步骤7的面糊拌一下。

因为我用的红豆有点干，不好混合，先加一点水到步骤7的面糊里稀释一下。

红豆可以增量，但是记住，白砂糖要减量。

9 再放回步骤7的面糊里搅拌一下。

10 倒在准备好的烤模里面。

11 放入烤箱（约180℃）烤30～40分钟。

12 用竹签刺进去，确认是否已熟。如果面糊没有粘在竹签上，就表明已经熟了。如果面糊还黏到竹签，那就继续烤吧。

13 从烤模中拿出来，冷却。

为防止表面干掉，可以用块布盖在上面，再冷却。

Baking powder-free
Home made Banana pancake

香蕉蛋糕松饼

2片

早上起来（我的早上比大家的早上晚很多）想要吃点什么，平常都是简单地烤面包、冲咖啡而已。但是，这次发现快烂掉的香蕉！那么我就来做香蕉蛋糕松饼吧！啊！没有松饼粉，也没有泡打粉了……要放弃吗？没门！我的肚子已经决定要吃煎饼类食品了。还好其他的基本材料都有！看看我能与它们共同创造什么甜点！我利用了一点做蛋糕的方式，然后用平底锅煎…… 哇！没想到这样也可以做这么有趣的薄煎饼呢！没用什么膨胀剂，吃起来感觉很温和的样子，值得花多一点点的时间，做对身体有益的食物哦！ ^0^）/～♪

Ingredients

[材料]

- 香蕉 banana——60g（约1/2根）
- 牛奶 milk——60mL
- 低筋面粉 cake flour——80g
- 鸡蛋 egg——1个
- 白砂糖 sugar——25g
- 香蕉 banana——1根（装饰用）

延伸菜单
《在厨房遇见MASA》P.148：野菜优等生和早餐必需品：非常毛豆套餐

1 香蕉快烂掉了！赶快吃掉它，以免浪费！

其实皮上有一些黑点的香蕉，比较适合做甜点，吃起来有明显的香蕉味。如果是有太多黑点（很熟的）的香蕉，先连皮放入冷冻库！

2 香蕉切成小片，加入牛奶，放入果汁机中。

3 将香蕉和牛奶混合打成泥。

4 将低筋面粉过筛，这是做蛋糕的基本步骤!

5 混合好鸡蛋和白砂糖后，隔温水开始打发。

要记得一些做蛋糕的基本方法哦！请参考P.224蛋糕的基础——海绵蛋糕。

6 蛋液已经温温的，从温水离开，继续打到像图片中的浓稠度。

这次我用手（打蛋器）打发，因为只有一个蛋不需要花那么多时间，而且想到机器（超重）拿出来用完还要洗……（¯··¯；）算了！用手打就好了。

7 加入步骤3的香蕉泥。

8 加入1/2过筛的面粉，用刮刀拌一拌再加入剩下的面粉，混合好。

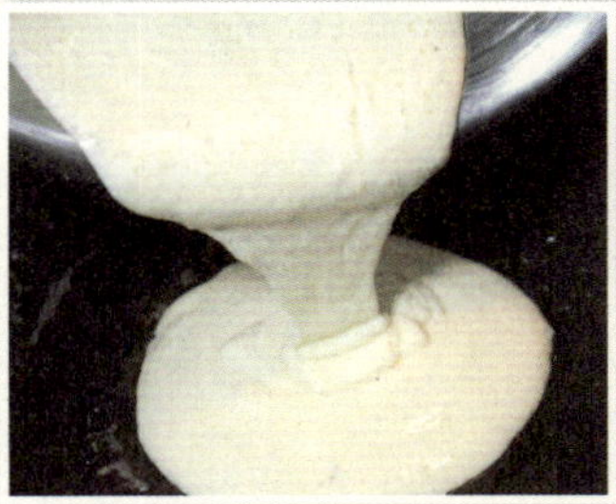

9 锅中加入奶油，融化后，转小火，倒入步骤8的面糊。

我这次做一整个大片的，当然可以分开放入，煎小的!

10 上面码好切片的香蕉。

11 把盖子盖起来，用小火继续煎。

12 表面看到很多洞，就表示差不多好了。

时间需要3～4分钟，要看自己用的煤气灶、锅的状况而定，反正看到表面已变成这样就可以翻面了。

13 好，要翻面了！当然可以“空中回转”！

14 不要着急，慎重地慢慢做！先滑到盘子上！

15 在锅里加奶油并使它融化。

16 很好！翻完面了！继续煎1～2分钟，表面压一下，有弹性的话表示已经熟了！

17 为了装饰搭配，我要做焦糖香蕉！香蕉纵向切成两半，锅里面加入奶油和白砂糖，等到白砂糖稍微焦的时候，再放入香蕉两面煎一下。

18 如果你喜欢，最后可以加一点莱姆酒。

还可以拿其他的水果，以同样方式做，草莓、蓝莓、苹果都很好！

Basic Wagashi-Red beans Filling

和果子的基础——红豆馅

约600克

坦白说，我平常不太习惯吃红豆馅，它很甜，味道很重，用红豆馅做的点心我都觉得非常甜，所以，每次我都能找到可代替红豆馅的材料做和果子。我曾经用过罐头装的红豆馅，它更甜……(_ _;)但是，做和果子一定会用到这种材料，这是“和果子的基础”。学好步骤后，可以活用很多甜点嘛!

自己做，麻烦吗？要花很多时间吗？步骤很多，中式点心也会用到红豆馅，日本以外的国家也有自己的步骤。我来介绍一种虽然有一点专业，但在家里比较容易做出来、也比较简单的方法。

延伸菜单

P.222：简单甜点——起源京都的和果子“生八桥”

Ingredients

[材料]

红豆 red beans——200g

白砂糖 crystal Sugar——100g

*也可以用冰糖，甜度可以自行调整。

水 water——1500mL

continue→

1 我买了一般的红豆。

2 红豆放在锅里，加入很多水（至少1500mL）。

红豆很能吸收水，看起来水太多，其实才刚刚好。

3 用大火煮，豆子慢慢开始吸收水。

不用泡，直接煮。

4 经过20～30分钟后，红豆吸收了很多水，捞出来看一下，看看有没有全部变软。

5 如果全部软了，放入网子里，沥干水。

这个步骤是为了去掉红豆的涩味。

6 沥干水后，放回到锅里，再加水（约1000mL），用大火开始煮。

7 红豆开始裂开了，把火调小，继续煮到全部破开。

8 确认红豆全部裂开后，往锅里轻轻冲水，直到水变透明。

9 放在网里，沥干水。

10 继续放回锅里，加入白砂糖。

这次不用加水，它已经吸收了足够的水。

11 用木铲（木匙）拌一下，用中火开始煮，一开始很干的样子……怕黏焦。(・_・;)

12 别着急！一下子，红豆的水都出来了！好神奇！

13 继续搅拌，它开始蒸发水，直到你喜欢的湿度。

14 如果你喜欢碎泥样的红豆，用木头打碎。

15 再把煮好的红豆铺在盘子上，冷却后冷冻起来。

红豆馅可以冷却后放入密封的袋子里面，冷冻起来。

这就是红豆馅，当然还有很多不一样的方式，有人会先泡水后再煮，看看你习惯的做法是哪一种。反正，有空多做一点，冷冻保存很方便！^0^)／

Kyoto Pastry-Red bean weet Wonton.

简单甜点——起源京都的和果子“生八桥”

8个

京都有卖一种东西叫“八桥”的食品，它是饼干，脆脆的，后来有人用一样的材料做成软的甜点——生果子。八桥的特色是用了肉桂粉，我本来不常吃用红豆做的点心，但是，这个“生八桥”，我从小就很爱吃！这次终于有机会可以研究这种和果子。它原本需用白玉粉、上新粉两种粉，不在日本，很难找到上新粉，还好，只用糯米粉也可以做！只要调整好比例就可以！口感差不多一样！味道部分，因为肉桂粉的味道很强，吃一点就会腻，我用黄豆粉和肉桂粉混合，味道变的很柔和！馅的部分请参考前面的红豆馅，这次还加入鲜奶油并减少红豆馅的量，让它口感比较轻，步骤更简单！大家一起享受这道和果子吧。

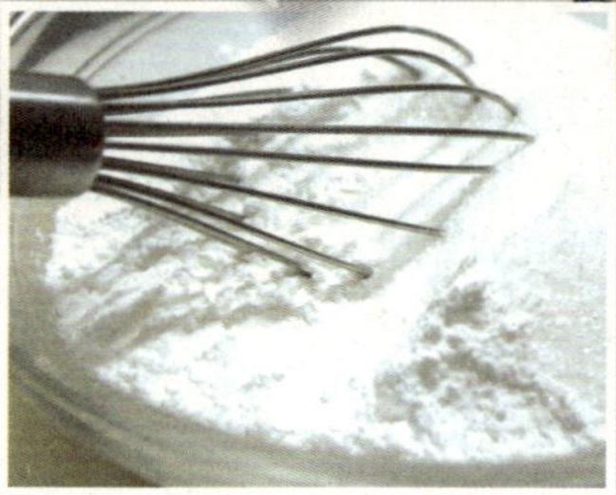

1 糯米粉和白砂糖混合好。

糯米粉我没有特别过筛，如果你用的糯米粉有结粒的话，需先筛一下。

2 加水，搅拌好。

3 用保鲜膜盖起来，微波加热1分钟左右。

当然用蒸笼蒸或直接倒进锅加热也可以。但是，用锅的话，要用平的木铲（木匙），一直搅拌，预防锅底黏糊。

4 一分钟后拿出来，打开保鲜膜，再拌一下。

微波炉从外面开始熟，因为需要平均加热，半熟的时候搅拌一下再加热。

5 再用微波炉加热1分钟，变得很稠，用木铲（木匙）搅拌到表面亮亮的样子。

它可能很硬，需要用力，(・_・;) 加油！

6 肉桂粉、黄豆粉和白砂糖混合好。

比例由你决定！看你喜欢的味道、甜度。对了！肉桂粉的部分，跟抹茶粉交换也很好玩！

Ingredients

[材料]

糯米粉 ——100g
glutinous rice flour
白砂糖 sugar——30g
水 water——150mL
黄豆粉 soy bean powder——适量
肉桂粉 cinnamon——适量
白砂糖 sugar——适量
红豆馅 ——8小匙
red beans (cooked)
鲜奶油 whipping cream——少许

7 汤匙沾水后，挖一小球步骤5的糯米粉糊放入步骤6混合好的粉类里。

它很烫！小心！慢慢来哦！它会黏住，所以汤匙一定要弄湿。

8 滚一下，让它全身沾上粉。

9 放在平的地方，用擀面杖把它擀成薄片。

不一定非要弄成四方形，大概就好了。

10 放一点红豆馅。

这样包起来就是传统的“生八桥”。

11 加一点打发的鲜奶油，就是一种新式“生八桥”。

放冰激凌也非常酷！

12 把对角折起来，变成大概的三角形。

13 最后，用刀将旁边切齐。

我发现，这样子切有两种效果：①变好看；②切的时候，旁边压到处封起了口，馅爆出来的概率变低，而且不用担心粘到手，很开心！

延伸菜单 P.219：和果子的基础——红豆馅

Easy steps-Sponge cake

蛋糕的基础——海绵蛋糕

1个（6英寸）

经营博客一年多，我还没有介绍过海绵蛋糕的做法！因为介绍甜点类到现在，我都没特别烤过海绵蛋糕。最近刚好有机会在家烤个海绵蛋糕，面糊做好后，倒入模具里面开始烤……后来不只是在厨房里，整个屋子都弥漫着烤蛋糕的甜味，非常香！看看烤箱里面的蛋糕，它开始膨胀起来了……好神奇！我已经做过好多次了，但还是觉得烤蛋糕的时光非常幸福！^^ 这种感觉大家一定要体验一下！海绵蛋糕的步骤很简单，是很基本的糕点，但是很多规则都要遵循，不然，面糊膨胀不起来，外面烤焦了而里面还黏黏的……会出现很多问题。不用怕！我来好好介绍怎么烤蛋糕哦！

Ingredients

[6英寸（15 cm）的材料]

鸡蛋 eggs——3个

白砂糖 sugar——80g

面粉（低筋）cake Flour——90g

奶油 butter——30g

*用直径18cm的7英寸烤模也可以，会比较宽，比较矮。

[7英寸（18 cm）的材料]

鸡蛋 eggs——4个

白砂糖 sugar——100g

面粉（低筋）cake Flour——120g

奶油 butter——40g

*用直径21cm的8英寸烤模也可以，会比较宽，比较矮的。

*高的矮的时间差不多一样，你可以选自己习惯用的大小哦！^^

1 这次我用6英寸的蛋糕烤模，3个鸡蛋的配方，我习惯用下面可以分开的烤模。因为烤完之后，蛋糕比较容易拿出来。

2 奶油涂在烤模侧面。

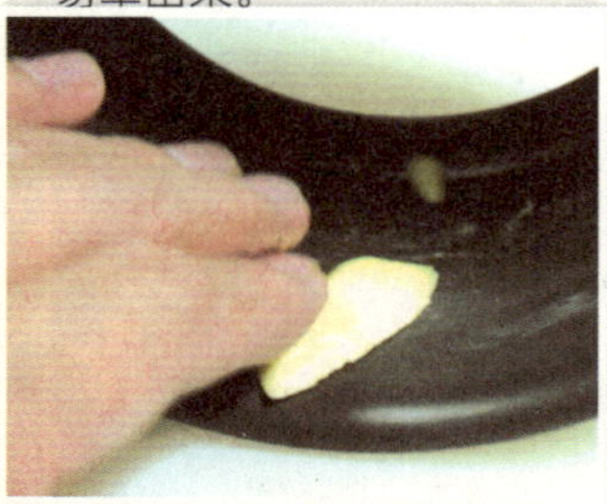

3 底盖的表面也要涂。

4 撒上面粉，在底盖上面先用侧面转一转，让面粉均匀粘好，多余的粉丢在底盖上。然后底盖同样转一转，让面粉均匀粘上，装好，放入冰箱。准备其他材料！

这时是烤箱开始预热，上下火均180℃时最好。

延伸菜单

P.227：海绵蛋糕的基本应用——草莓蛋糕

5 面粉筛好。

面粉一定要过筛哦！不然跟鸡蛋搅拌的时候会结粒，用普通的网子过筛也可以！

6 准备融化的奶油。用微波炉或隔温水融化都可以。

融化的奶油太热的话，加入到打发的蛋液里的时候，泡泡很快会消失。

7 鸡蛋和白砂糖放在盆子里一起搅拌好。

8 一边隔热水加热，一边搅拌。

9 摸摸蛋液，温温的就可以从热水里拿出来，用搅拌机开始高速搅拌。

用小型的搅拌机或用打蛋器打发都可以！

10 打多久呢？打蛋器抬高，用蛋液可以画线，然后线一直留在表面就表示打发好了。降低搅拌速度，继续打30秒左右。

为什么减速后还要打？用高速打蛋会有很多大气泡在里面，搅拌速度慢一点，可以把较大的气泡散开变成较小的气泡。

11 加入1/2筛好的面粉，用切的动作（不是搅拌）拌一下。

一次不要全部放进去！面粉太多也会把泡泡都消掉。

12 再加入剩下的面粉。同样用切的动作，确认面粉都已混合好。

13 从刮刀上面，慢慢加入不太热的融化的奶油，再用切的动作拌一下，确认奶油都混好。

若没有混合好，烤之后的口感会不好。

14 倒入烤模里面。

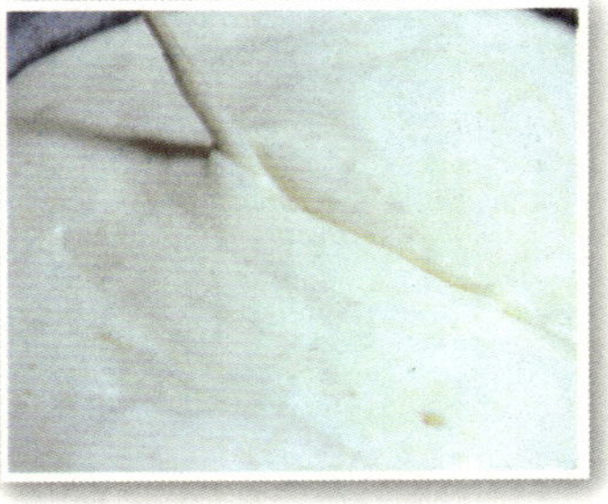

15 用牙签刮一刮，把里面的大泡刮出来（也可以拿起来，在桌上上下轻轻敲几下，注意不要用太大的力，否则会流出来哦）！

16 放入烤箱（180℃）烤15分钟。

我另外用温度计确认目前的温度是正确的。

每个烤箱状况稍微不一样，如果还没到15分钟，太快膨张（中间长太高），可把温度调低一点（150～160℃）。

17 15分钟到了，它变得很胖！膨胀起来了！可闻到甜甜的味道……(￣¬￣)太香了……把温度调至150℃，再继续烤10～15分钟。

为什么要调温度？我习惯先用高温使蛋糕膨胀，然后用低温把里面完全烤好。

18 时间到了（这次我烤了25分钟）！用竹签插进去，确认是否已熟。

如果竹签上还有粘面糊的话，再继续烤！

19 在烤模架上翻过来，将侧面的烤模拿掉后，再拿掉底盖。

20 再翻回来后，用干的布把蛋糕盖起来慢慢散热。

布盖起来，可以防止表面水蒸发太多。

21 将放凉的蛋糕放入密封袋里，可以冷冻保存。下次要用再拿出来，在室温下解冻就可以了。⌒O⌒)b 海绵蛋糕非常好用，我平常用它作为慕斯蛋糕的基底或别的点心。

Strawberry Short Cake

海绵蛋糕的基本应用——草莓蛋糕

1个

提到蛋糕，大家最常想到的应该是“草莓蛋糕”吧！现在面包房卖的蛋糕有很多种，但是，圣诞节、生日时最常送给别人的蛋糕就是“草莓蛋糕”。小时候我和哥哥过生日时，妈妈也常烤生日蛋糕给我们吃。那么，我就来示范如何简单地做草莓蛋糕吧！不需准备特别的材料，只要烤一个海绵蛋糕，买好吃的草莓，你的蛋糕就完成了80%！好，让我们开始吧！

Ingredients

[材料]

- 草莓——1盒（约200g）strawberries
- 鲜奶油——350～400g whipping cream
- 糖粉 powder sugar——35～40g
  *没有糖粉，改用细砂糖也可以。
- 白砂糖 sugar——50g
- 水 water——50mL
- 君度橙酒——适量 cointreau
- 饼干 cracker——3～4片
- 薄荷 mints——适量

1 将之前烤好的海绵蛋糕从冰箱拿出来（海绵蛋糕做法请参考P.224）。

这次我用6英寸的配方，它比较厚，切半还是有点厚。

如果想要比较矮、薄一点的蛋糕，用6英寸的配方但用7英寸的烤模烤！

我建议，海绵蛋糕早一天烤好，冷却后，放在冰箱让它稍微变硬一点。刚烤好的蛋糕当然很香、很软，但是要做装饰用的话，尤其要切片的话，先放在冰箱冷藏一个晚上才比较好用。

2 准备糖浆，白砂糖与水的比例1：1，放入锅里加热，烧沸把白砂糖溶化就好了。等冷却后，加入你喜欢的味道！这次我用君度橙酒，这种味道很适合比较轻的蛋糕类。

用糖浆的原因不只是增加一种味道，也给海绵蛋糕水分，如果给小朋友吃的话，不用加入酒，只用糖浆就好了！

3 蛋糕切半，用刀在蛋糕“表面”刮一整圈的线，左手转，右手用刀刮，确认没有歪后，再慢慢切进去。

如果，你不是每天做100个蛋糕的话，我建议这样切，不然切完后经常会发现有的地方太厚，有的地方太薄。

延伸菜单
P.224：蛋糕的基础——海绵蛋糕

4 用刷子把糖浆涂在两片蛋糕的两面。

觉得涂太多了？其实刚刚好，记得它叫海绵蛋糕，很能吸收糖浆！

5 草莓用水冲洗好后，用手摘掉蒂。

6 拿掉蒂时检查一下，哪个草莓比较好看（放最上面），哪个草莓要切半，并分别放好。

7 鲜奶油中加入糖粉打发。

糖粉加多少？我平常用10：1的比例，即100mL的鲜奶油加10g的糖，这样的甜度刚刚好，所有的装饰蛋糕都可以参考这个比例！

8 将打发好的鲜奶油均匀地涂在切好的蛋糕下片上面。

9 草莓切半，放在上面稍微压下去。

草莓不切半，用一整个也可以。

10 再放上鲜奶油，把草莓盖起来。

11 把另一块蛋糕放在上面压一下，确认表面已经呈水平。

注意！我把蛋糕倒过来，这样蛋糕上面是水平的。

12 侧面流出来的鲜奶油用刮刀涂在侧面。

13 鲜奶油倒在上面，均匀抹开，让多余的鲜奶油从旁边滴下去。

最好用七分打发的鲜奶油，太硬不好抹开。

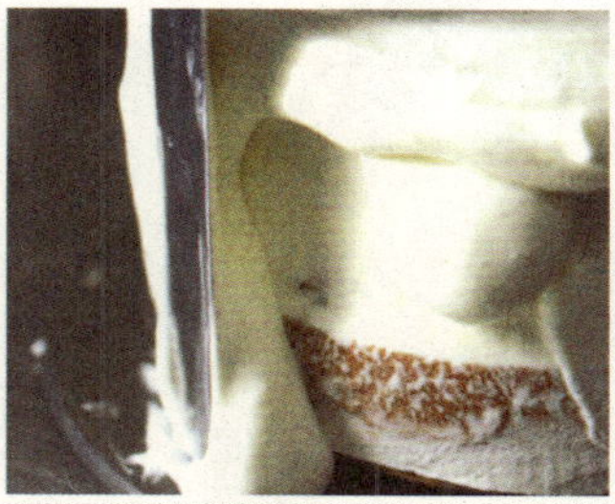

14 侧面这次要涂得厚一点。

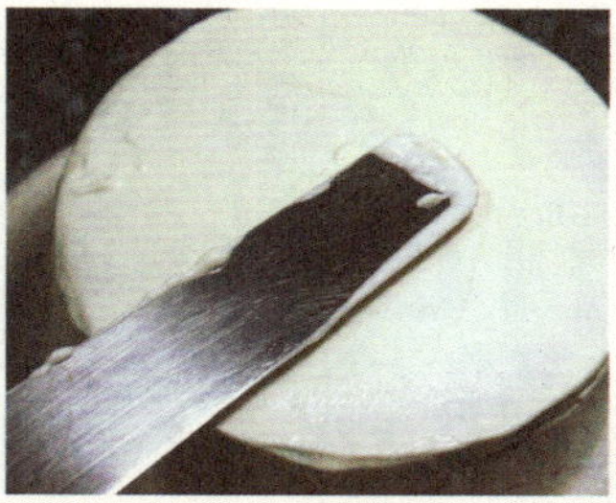

15 把表面稍微修整一下，上面弄平滑。

注意！表面只要平整就好了！抹太多次，鲜奶油会越来越硬，使表面变粗糙！(*_*)

16 这里有更好玩的步骤！用挤花袋挤出来你喜欢的形状～♪

17 可用任何你喜欢的方式，将草莓放在蛋糕上面！

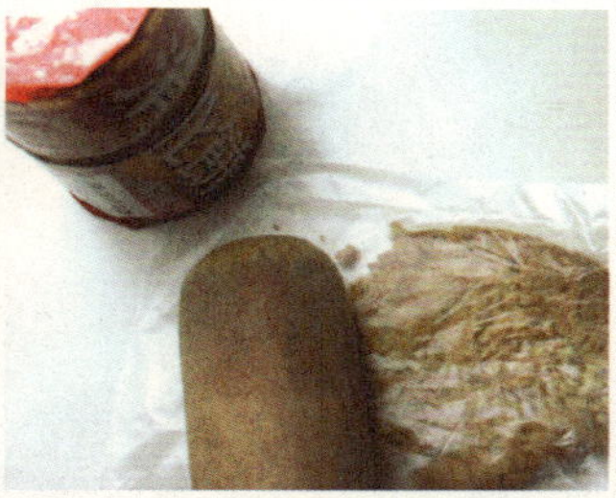

18 若想要特别一点的装饰，将饼干放在袋子里弄碎。

19 用手把饼干粘在侧面。最后点缀上薄荷叶。

用烤好的杏仁片也很好吃！

Home make Hone cake

母亲节快乐！自己做简单蜂蜜蛋糕

1个

已经5月了！母亲节快要到了！你打算送什么给妈妈呢？还在考虑？这里有个建议可以试试看。我想介绍一种简单好吃的蜂蜜蛋糕食谱！它是从荷兰传到日本九州的长崎那边，原本是很高级的舶来点心，后来变成一般较容易吃到的蛋糕，也是许多人可自行做出来的蛋糕，可以说是“大众蛋糕”。记得我妈妈也做给我们吃过，味道和口感非常柔和，很有妈妈的味道。那么，这次轮到我们了，做一个给妈妈吃！不必担心，做法很简单，没有用到特别的东西！也不需特别找烤蜂蜜蛋糕的那种四方烤模！蛋糕从烤箱出来的味道太吸引了……(*￢*) 烤好后放一个晚上，蛋糕变成“保湿”的样子，没有加入一点添加剂，完全天然的蜂蜜蛋糕！

延伸菜单

P.235：焦糖苹果蛋糕

1 做蛋糕纸模。平常看的报纸都可以用，4～5张重叠。

2 先要折边角做一个正方形。

3 右边剪掉。

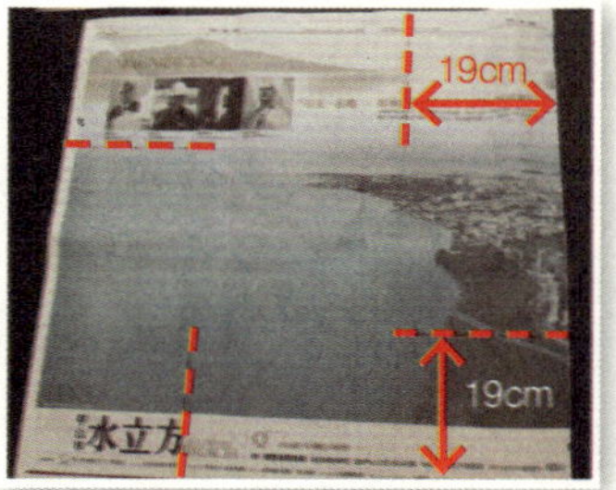

4 完成正方形的报纸！之后从旁边量19cm并画线。

Ingredients

[材料]

鸡蛋 eggs——8个
白砂糖 sugar——230g
蜂蜜 honey——50～60g
牛奶 milk——50mL
高筋面粉 bread flour——200g
*也可以用低筋面粉。

*如果量太多，可以用一半的分量，用长方型的烤模!

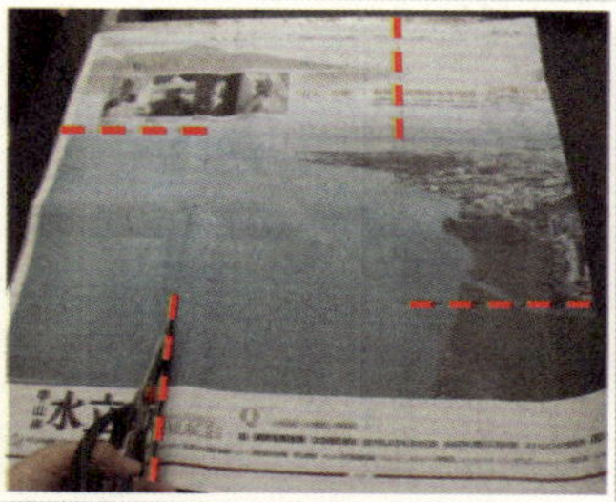

5 剪红色的点线的部分（四个地方）。

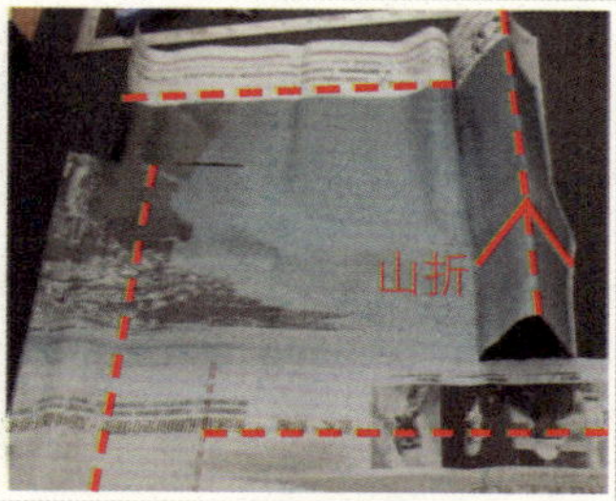

6 把旁边跟剪好的中间（红色点线）折起来（山折）。

7 四边都折起来。

看看它会变成什么吧!

8 旁边折起来。

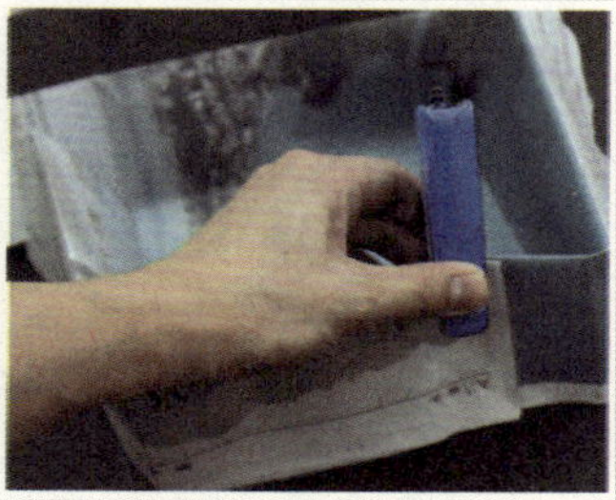

9 用钉书机固定。

10 完成了!

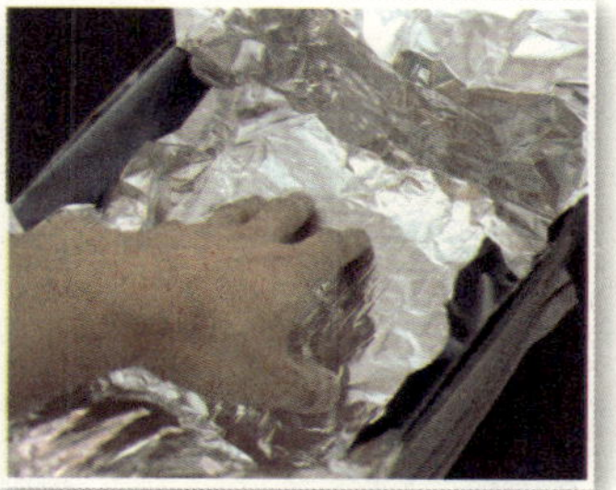

11 把一张铝箔纸铺在里面。

确认盒子里面4个角的铝箔纸都铺好了，这样才会有四方形的蛋糕哦!

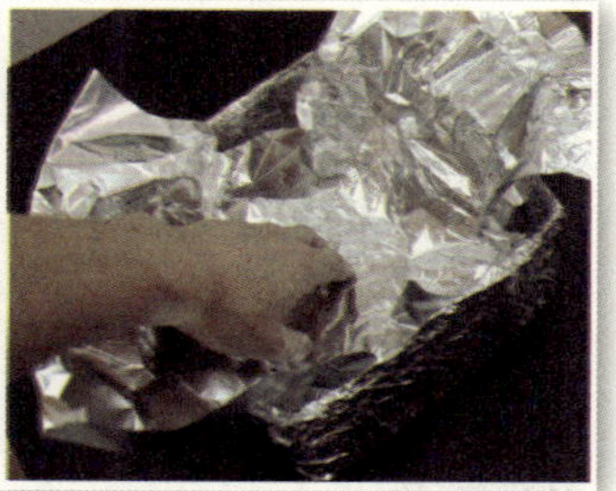

12 折好，另外一边再铺一张。

continue→

13 调整一下，把铝箔纸折好。

14 拿一张烘焙纸放在里面，再用钉书机把烘焙纸钉好。

不要跟外面的报纸一起钉起来哦！

如果没有烘焙纸，没有关系，直接倒进铝箔纸里面也可以。

这个盒子可以再利用好几次！

15 开始做蜂蜜蛋糕。将鸡蛋放入打蛋器的盆里。

如果觉得量太多，可以用一半的量。用磅蛋糕长方形的烤模！

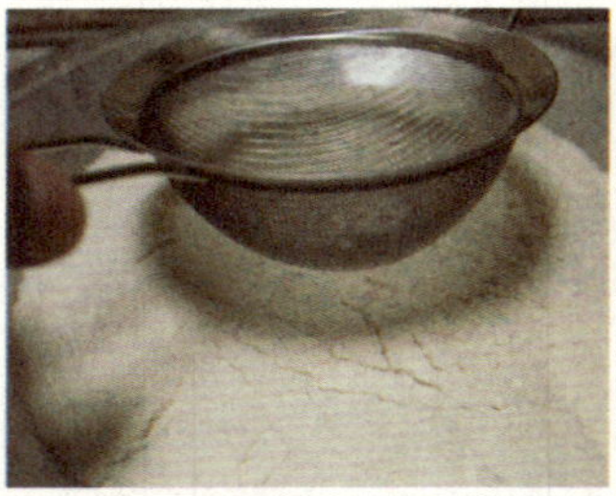

16 面粉过好筛。我这次用高筋面粉，这跟其他蛋糕不一样。

蜂蜜蛋糕一般用高筋面粉，口感比较弹软。如果喜欢比较松软的口感，当然可改用低筋面粉。

17 牛奶里面加入蜂蜜。

18 隔温水或微波加热牛奶，把蜂蜜溶化混合好。

19 鸡蛋里面加入量好的白砂糖。

20 先把鸡蛋跟白砂糖搅拌均匀。

21 再放入热水中隔水继续搅拌。

记住先加入白砂糖搅拌好（步骤20）再加热，这样子蛋液才不会凝固！

甜点的科学

为什么鸡蛋和白砂糖混在一起后才可以加热呢？

糖分会提高蛋白质的凝固点（变硬的温度），所以隔热水搅拌的时候不会煮熟。有很多甜点（比方说日式蛋卷）也是一样的方法！

22 摸摸蛋液，如果已经温温的话，可以从热水中拿出。开始用电动搅拌器高速打发！

为什么鸡蛋要加热后再打发？鸡蛋温温的比较好打发，而且白砂糖也比较容易溶化。其他的蛋糕步骤原理也是一样的。

23 蛋液打到变白且可以画线的程度。

我用的是电动搅拌器，家庭用的小型搅拌器（有两支小搅拌器的那种）也可以！用打蛋器打发也可以！^^;

24 加入蜂蜜牛奶后，搅拌一下，确认已混合好。

25 电动搅拌器停止后，加入1/3的面粉，搅拌，再加入1/3面粉，再搅拌，最后再加入剩下的面粉，用中速继续搅拌。

26 最后搅拌的时间不需要很久，只要把面粉混合好，还有就是把太大的泡泡去掉，所以30～45秒看到面粉混合好，泡泡变得很细，可以画线的样子就可以了。

平常做蛋糕加入面粉时不太会用到电动搅拌器，用刮刀拌一拌就行。但是这次要一直用电动搅拌器把打发的鸡蛋跟面粉混合，这样才会有蜂蜜蛋糕的特殊口感！

27 倒在纸模型里面。

28 用刮刀切一切让里面的大气泡释放出来。

29 放到已预热好的（上火170℃，下火180℃）烤箱里面。

先烤1分钟。

continue→

30 1分钟后，把蛋糕拿出来再用刮刀将表面的泡泡弄坏。

加热一下，里面的泡泡都浮上来了，再处理掉！

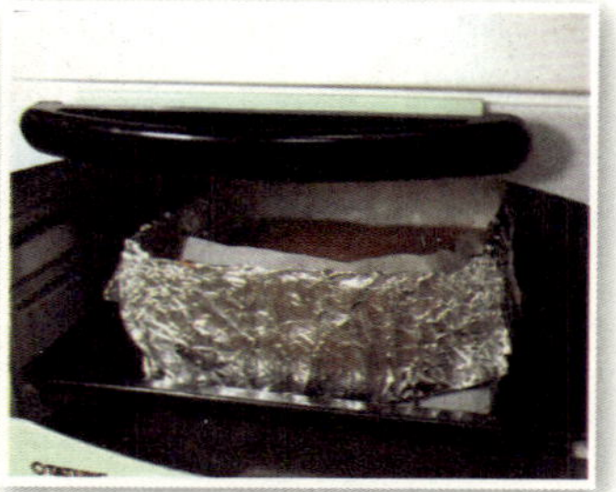

31 放回去继续烤30分钟左右。

每个烤箱的状况不一样，可以参考这个时间，再自己调整一下！ ^^;

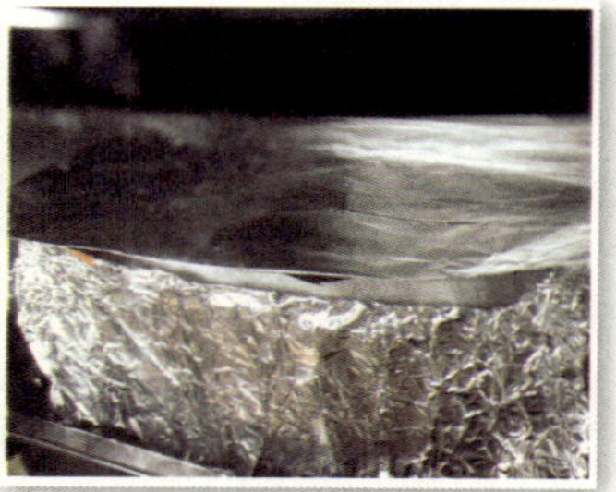

32 我用的烤箱，上面的火有一点太强，我做了一个铝箔纸盖子放在上面预防烤太黑。温度也调至150℃，继续烤。

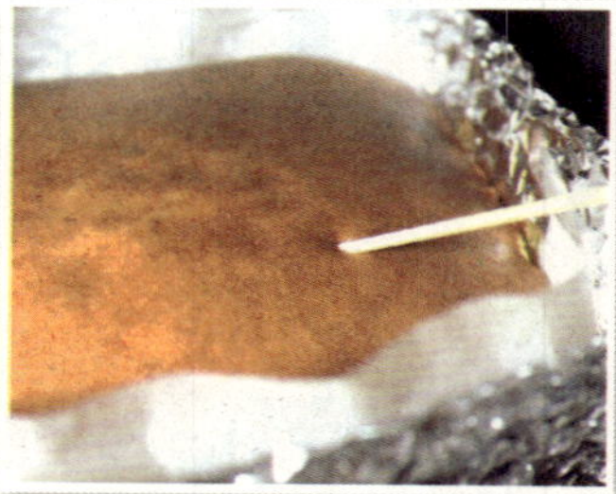

33 约15分钟后，看起来已经熟了的样子。用竹签插进去，确认是否已熟。竹签上没有黏黏的东西，表示已经熟了！

如果竹签上有黏黏的东西的话，继续烤5～6分钟后再检查！

34 烤好的蛋糕连铝箔纸从纸盒拿出来，把旁边的铝箔纸和烘焙纸撕开，上面贴一张保鲜膜。

35 将蛋糕轻轻地翻过来，让它稍微“休息”一下，还在温温的时候用保鲜膜把它全部包起来，等到完全冷掉后再切来吃！ ^^

烤好以后包起来，可以保持蜂蜜蛋糕的湿度，才会有特别的湿湿的口感！最好不要马上吃，耐心等候一个晚上再吃！

这个蛋糕都没有加入任何“食品添加剂”，就是传统手工蜂蜜蛋糕，可以享受古老的风味及口感！

变化形

蜂蜜蛋糕→

意大利脆饼

做了蜂蜜蛋糕后非常开心！但量太多，怕吃不完的话，我介绍一个好方法！

1. 把剩下的蛋糕切条。

与喜欢的咖啡、红茶或绿茶搭配，很好吃！这样可以放在保鲜盒保存久一点。

2. 放入烤箱（100℃左右）里面烤到金黄色，变成脆脆的样子就行了！ ^^b

Oven-less Caramelized Apple Pan cake

焦糖苹果蛋糕

1个

妈妈们都很辛苦，每天照顾家人很累，假日时您可以好好休息一下，去贵一点的餐厅吃好一点的东西……这是您应做的！现在我来做一个简单的蛋糕，大家可以一起试着做！只要有一个平底锅就可以做出像法式苹果派的甜点！苹果的酸味、焦糖的香甜，旁边放了冰激凌，热热的派及凉凉的冰激凌……很好的组合！我希望，吃一口就能感觉到很幸福。(^0^)泡一杯您最喜欢的咖啡或茶，稍微放松一下，做做您想做的任何事吧！

延伸菜单

P.230：母亲节快乐！自己做简单蜂蜜蛋糕

Ingredients

[材料]

- **苹果** apple——**1个**
- **面粉**（低筋）cake flour——**80g**
- **小苏打粉** baking soda——**1小匙**
- **鸡蛋** egg——**1个**
- **牛奶** milk——**2大匙**
- **色拉油** salad oil——**2大匙**
- **奶油** butter——**适量**
- **白砂糖** sugar——**2.5大匙**
- **红糖** black suger——**1大匙**
- **朗姆酒或白兰地** rumor or brandy——**1/2小匙**
- **柠檬汁** lemon juice——**适量**

*小苏打粉是一种很好用的食品添加物，一般来说对身体无害。而泡打粉含有pH值调整剂或膨胀剂，其中有比较多化学添加物。

continue→

1 我买了蛇果。

做派时，用有一点酸酸味道的苹果比较适合，在日本平常用“红玉”，跟蛇果的颜色很像。当然“富士”也很好。

2 苹果削皮后，切一半。再将其中一半切成8片。

3 另外一半则切丁。

如果怕变色，可以泡在盐水里或挤上一点柠檬汁。

4 加一点奶油，融化后放入苹果丁炒一下，再加入朗姆酒，点火，让酒精蒸发。

朗姆酒、白兰地的酒精度很高（约40°），要小心！

5 稍微翻炒后，移到碗里面。

6 将面粉和小苏打粉用打蛋器混合好，再加入鸡蛋、牛奶、色拉油搅拌好。

为什么要加色拉油？烤了之后“海绵”会变松软，像“戚风蛋糕”的样子。

7 放入步骤5的苹果丁拌好。

8 平底锅里加奶油和白砂糖，待它们融化后，加入苹果片一起炒。

最好用不粘锅煎，才不会黏糊，也可以加肉桂粉。

9 加入柠檬汁。

10 两面炒好后，码好苹果片。

11 熄火，把步骤7的苹果丁慢慢放到上面。

12 盖上盖子，用小火（很小）煎到熟（约10分钟）。

苹果很滑，我用的锅有一点太大，它们一直乱动，不听我的话，最好用小的锅（18cm以内），让苹果冷却硬化后再炒也可以。

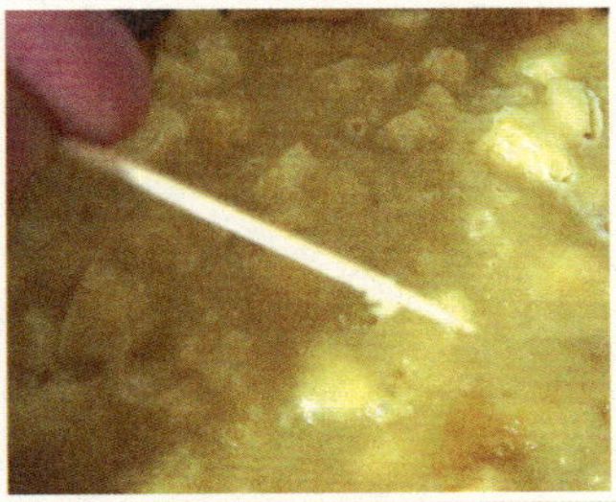

13 把牙签插进云，看看有没有面糊沾在上面，有表明还没熟，需要继续煎；没有，表明已经熟了。盘子放在锅上，一起翻过来装盘。

另外一边不用煎!

料理知识：面粉物语

高筋面粉与低筋面粉有什么不同？我们来看看它们之间的差异吧！

◎验证A

1. 先看手粉的动作，就是桌上撒粉的意思，看两样的状态！用低筋面粉，有很多一粒一粒的没有均匀散开。
2. 用高筋面粉，它会比较均匀。*希望你能看出差别来。f（^_^;）

◎验证B

3. 握低筋面粉在手里，然后打开，面粉结粒了，稍微摇一下，呈不容易散开的样子。
   ＊当然湿度也会影响到这种状况。
4. 然后是高筋面粉。手打开，有一点结粒的感觉，但是摇一下就会散开。

◎验证C

5. 肉上沾低筋面粉，拍打以后，表面还是不均匀。
   ＊这次特意沾多一点，这样看比较明显。
6. 沾高筋面粉，表面比较均匀！

结论： 沾粉、桌上撒粉，用高筋面粉比较好控制。
＊当然可以看你自己习惯用的粉，没什么硬性规定！每种面粉有不同的特性，所以要好好了解它们，和它们好好相处！

Every body let's dig in!
Sticky Sweet Rice balls

大家一起做麻薯——日本传统点心“御萩”

10~15 个

延伸菜单
P.219：和果子的基础——红豆馅

大家新年快乐！希望大家今年继续加油！希望今年是非常好且幸福的一年！

新年（正月）我们日本人平常吃麻薯，我家也一样。以前从加拿大回日本的时候，我哥哥准备了用传统的蒸笼蒸的糯米，大家在外面用臼和杵一起打，很好玩！这几年都没有机会回日本，但记忆还一直停留在脑海里。

在台湾，其实很多人已经认识日式麻薯，也有许多地方卖麻薯点心（和果子），这次我想要介绍一种很简单的和果子，它叫“御萩”，一般是在秋天时吃的季节点心，但现在一整年都会吃。什么都别管，想吃就吃嘛！而且这个点心是用糯米做的，打糯米的动作很有正月的感觉！所以我就选这个点心！新年假期刚开始，多蒸一点米，跟大家一起打一打，一起做“御萩”喽！

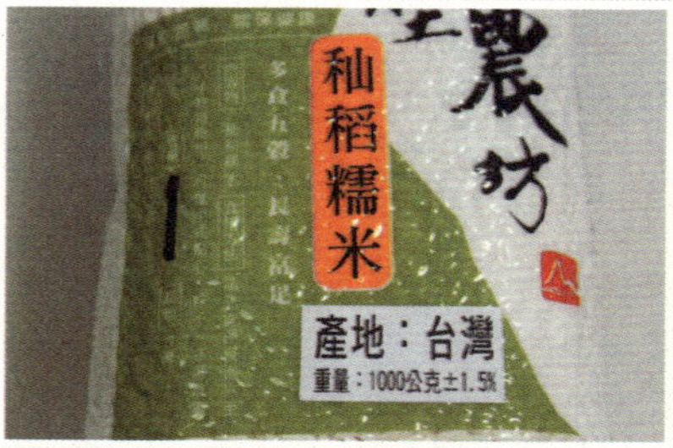

1 我买到的糯米包装是这样的，这次只买到长粒糯米。

后来我看到超级市场里有很多种，有圆的、长的，平常用圆的。其实没有买到圆的也可以用长的，只要确认是糯米！

Ingredients

[材料]

糯米 sticky rice / glutinous rice——**1杯**

米（普通的）rice——**1杯**

水 water——**2杯**

红豆馅 red bean filling——**500～550g**

黄豆粉 soy bean powder——**适量**

白砂糖 sugar——**适量**

黑芝麻粉 black sesame powder——**适量**

草莓 strawberry——**适量**

2 糯米和普通的米倒在碗里。

比例我用1∶1。糯米多的话口感比较黏，普通米多的话口感不会很黏，看你喜欢的口感！

3 将糯米淘洗好。

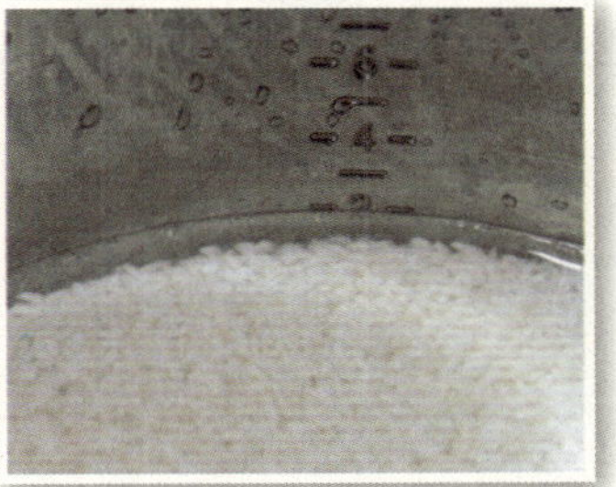

4 放入电炖盅里加入量好的水，泡1小时左右。

泡一个晚上也可以，因为这次不用怕米变得黏黏的。

5 米已经泡好了，外锅加入量好的水（2格），盖上盖子开始煮！

6 准备其他的材料。确认买的是可以直接吃的黄豆粉。因为我发现黄豆粉有生的、熟的。在适量的黄豆粉里加入白砂糖，混合好。

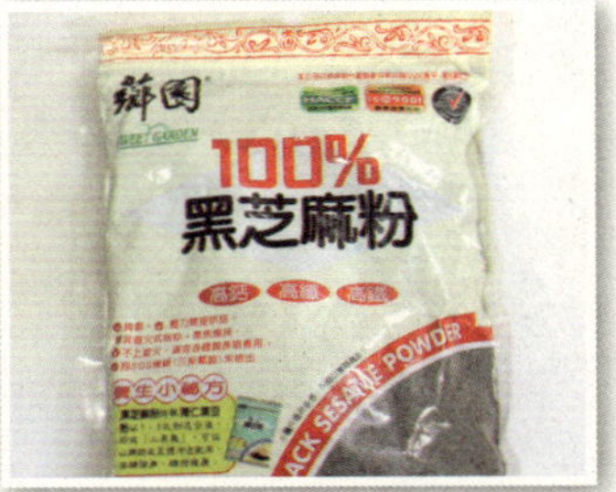

7 黑芝麻粉。自己做也可以。放入食物调理机（或果汁机）打成粉，并加入白砂糖混合好。

黄豆粉和黑芝麻粉跟白砂糖的比例均为1∶1，看你喜欢的甜度！

8 用上次多做的冷冻起来的红豆馅，拿出来解冻。

红豆馅做法请参考P.219和果子的基础——红豆馅。

continue→

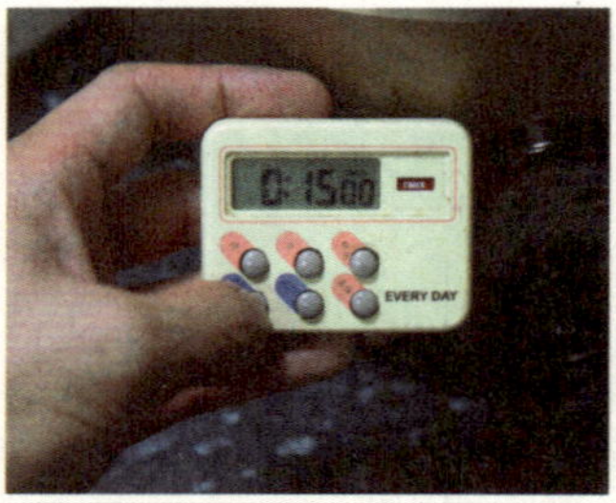

9 饭煮好了！开关键跳起来了，不要马上打开！让它焖一会儿（15分钟）。

10 哇，真的煮好了耶！说实话，我第一次用电炖盅做糯米饭。(*￣▽￣*)v

当然也可以用一般的电饭煲做！

11 在木桶里用擀面杖打到自己喜欢的样子。

在一般的碗里面用空瓶打也可以！我觉得留一点米粒口感比较好，不要打太久。

12 一张保鲜膜上放一点（约45g）红豆馅，再盖上一张保鲜膜。

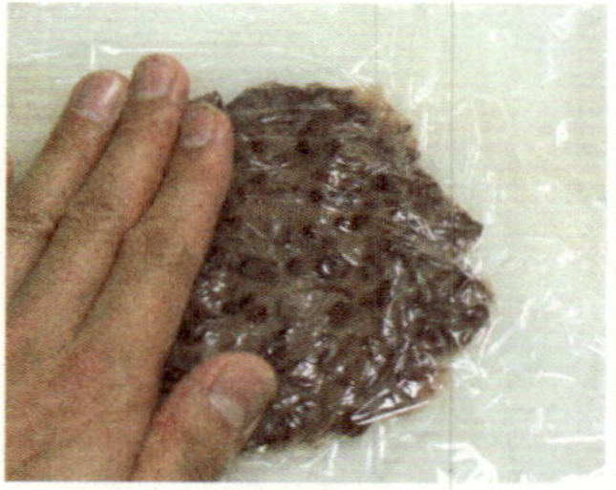

13 把它压扁后放在旁边。

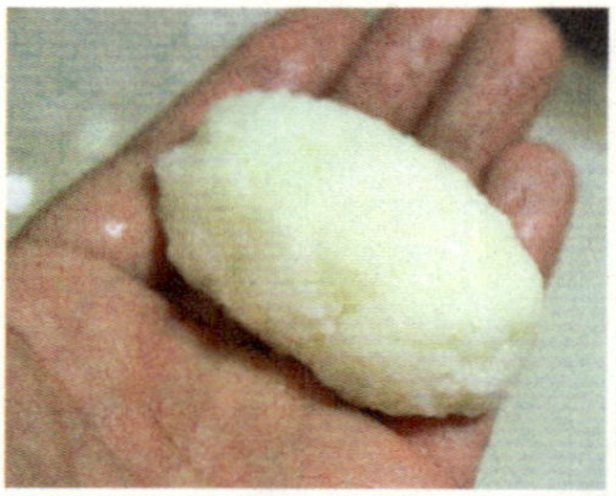

14 手上涂一点水，拿一点（约50g）糯米饭，塑成椭圆形。

15 准备好的红豆馅上面的保鲜膜拿掉，在中间放握好的饭。

16 用保鲜膜把中间的饭包起来。

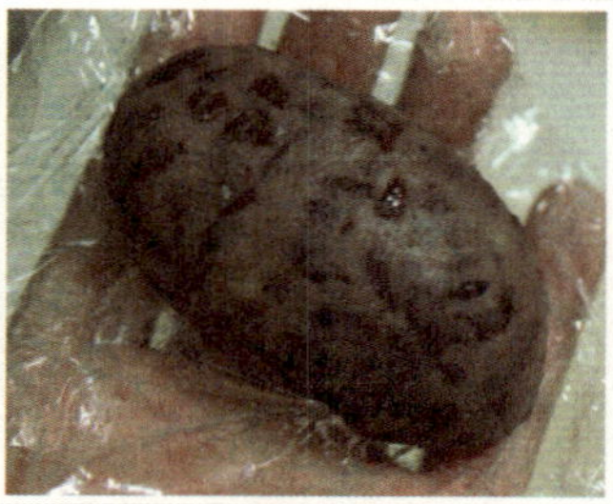

17 确认饭表面的红豆馅都已粘住，调整形状后，拿掉保鲜膜。

糯米饭不一定全被包起来。下面还看得到中间的饭也没关系，翻过来，上面弄得漂亮就可以！

18 再做一片糯米饭的皮，中间放握好的红豆馅。

步骤跟第一个做的一样。饭跟红豆馅交换位置就好了！

19 红豆馅大概包好就可以了。下面这样子就可以！

20 把步骤19的红豆麻薯放在调好的黄豆粉里沾粉。

21 黑芝麻也是一样。

沾粉时，有人不放红豆，直接握糯米饭沾粉，看你喜欢的类型。

变化形

1 在超市看到草莓，看起来很漂亮！冲动之下买了一盒。让我们来做“草莓御萩”，先用红豆把草莓尖尖的部位盖起来弄成球形。

2 步骤一样，先做糯米皮，再把草莓包起来，最后沾黄豆粉。

Crispy Wonton Pie with
Raspberry Cream cheese filling

起司覆盆子馄饨皮千层派

2人份

我去超市时买到冷冻的覆盆子，我很喜欢用它，很酸，加甜味会变成非常好吃的点心！而且它的红色很漂亮！这次我用起司加覆盆子进去，起司的浓味搭配清爽的复覆子酸味，很合适！用馄饨皮做成即食脆片，那我就来做一个美丽的圣诞节蛋糕吧！

延伸菜单

P.264：覆盆子豆腐起司蛋糕

Ingredients

[材料]

- 馄饨皮 wonton sheet——6张
- 起司 cream cheese——50g
- 糖粉 powder sugar——2大匙
- 覆盆子 raspberry——5～6个
- 鲜奶油 whipping cream——100mL
- 果酱 jam——少许

1 锅里加1cm左右的色拉油，加热后，放入馄饨皮，炸到金黄色拿出来，放在纸巾上吸收油分。

2 起司放在碗里，放在温水里加热，变软后加糖粉搅拌均匀。

没有加热，太硬的话会很难处理。放在微波炉加热也可以。

不用太热，变软即可。

3 加入覆盆子。

不一定要用覆盆子，草莓、蓝莓或其他类似的水果都可以。

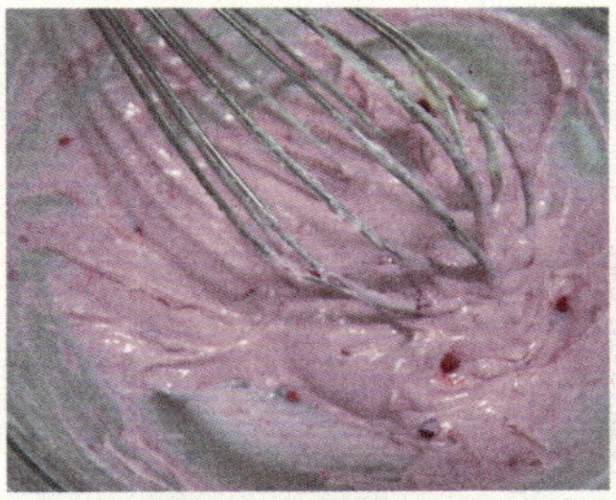

4 搅拌到把覆盆子完全捣碎，让它的颜色出来。

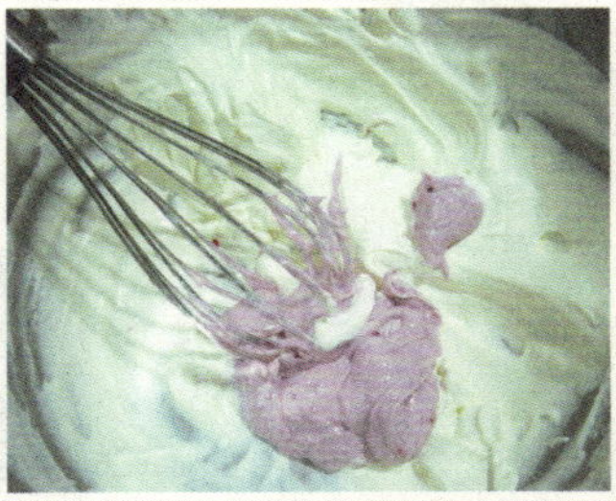

5 用另外的碗打鲜奶油，再加入步骤4混合好的覆盆子起司拌一拌。

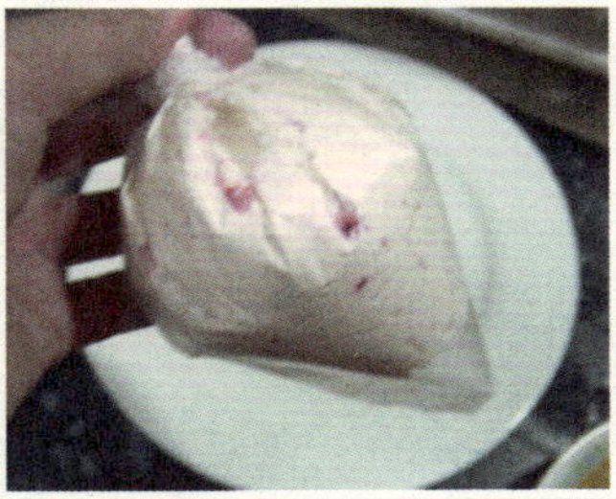

6 放在袋子里，切开一角。

如果有，请尽量用做甜点专用的袋子。

7 先涂一点步骤6的馅料在馄饨皮下面，以防盘子上面滑动。

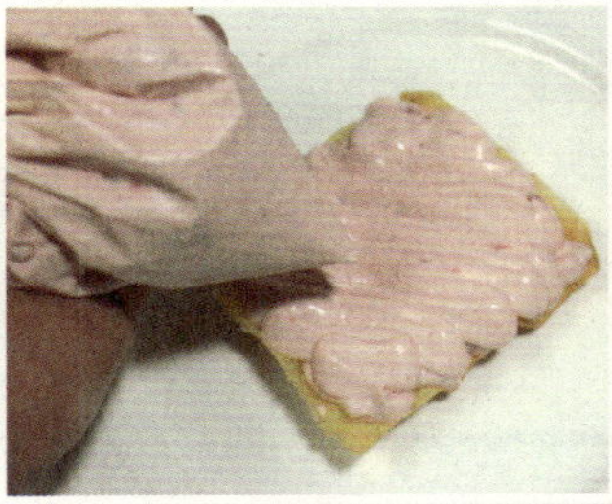

8 挤出步骤6的馅料在馄饨皮上面，排上覆盆子，再放一片馄饨皮，重复上述步骤。最上面装饰你喜欢的样子就可以了！

9 我家有一种很特别的果酱，它非常香！加一点水稀释，淋在盘子上，撒一点糖粉。当然可以用你家有的果酱：草莓、蓝莓、葡萄都行。

Peach filling cheese cake

当季水果和起司蛋糕

1个

我想介绍日本的多种起司蛋糕。起司有很多种，有冻的、冰的、烤的、蒸的……每种都呈现不一样的美味！这次我做了用明胶冰起来的生芝士蛋糕，口感很滑，软软的。当然不用烤，所以我们才用这个名字来称呼这种蛋糕。平常我做这种甜点都用当季的水果，因为我的很多来自不同国家的朋友们会来看我的食谱，所以我尽可能用最平常的水果——水蜜桃（罐头）示范给大家看。看看你所在的国家有什么季节性的水果！草莓、芒果、木瓜、水蜜桃都很好用！那么开始喽！

Ingredients

[材料]

奶油起司 cream cheese——200g

糖粉 powder sugar——40g

酸奶（原味）plan yogurt——250g

柠檬汁 lemon juice——1.5小匙
*需看用什么水果，再调整酸味！

鲜奶油 whipping cream——80mL

明胶片 gelatin sheet——8g

水蜜桃（罐头）peach(canned)——2～3片

海绵蛋糕（8吋）sponge cake(8-inch)——1cm
*做法参见P.224蛋糕的基础——海绵蛋糕。

糖水 syrup——适量
*做法请看《在厨房遇见MASA》P.210爽快，健康！毛豆团子。

君度橙酒 cointreau——少许

延伸菜单 P.264：覆盆子豆腐起司蛋糕

1 准备糖水，加入一点君度橙酒。

如果让小朋友吃的话，不加酒也可。

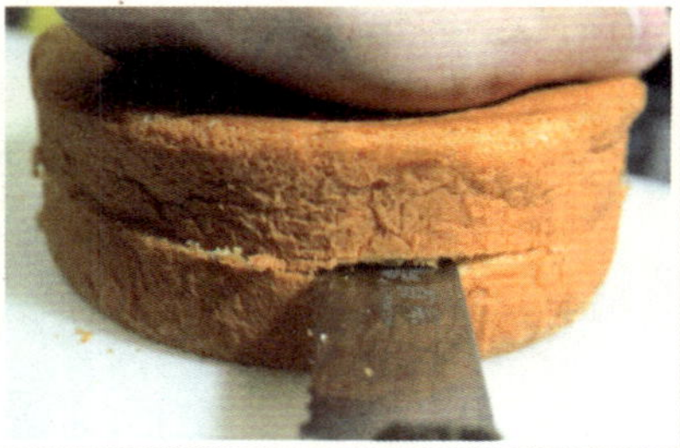

2 蛋糕需完全冷却，若有以前烤好后冷冻起来的，拿出来解冻后再慢慢切片。

图片我上次用剩下的，这次要切薄一点（1cm）！（><）//

3 切好的蛋糕上面放慕斯烤模（7英寸），压下去。

为什么海绵蛋糕不能用一样的7英寸烤模烤？因为蛋糕烤好后，它会稍微缩小。放在7英寸烤模中烤的话，边缘有很多空间。没有办法封起来。

4 拿掉烤模，用刷子把糖水涂在蛋糕两面。

海绵蛋糕很能吸收水，可以涂多一点哦!

5 慕斯烤模下面贴保鲜膜，再用橡皮筋绑好。

其实，这个步骤略过也行。我习惯这样做，万一凝固后还要移动，有保鲜膜比较安全。

6 烤模里面铺步骤4涂好糖水的蛋糕片，确认它已放平。

7 让我们开始来加点东西吧！我买了水蜜桃罐头。

8 将2瓣左右的水蜜桃切片后，放在纸巾上吸收多余的汤汁。

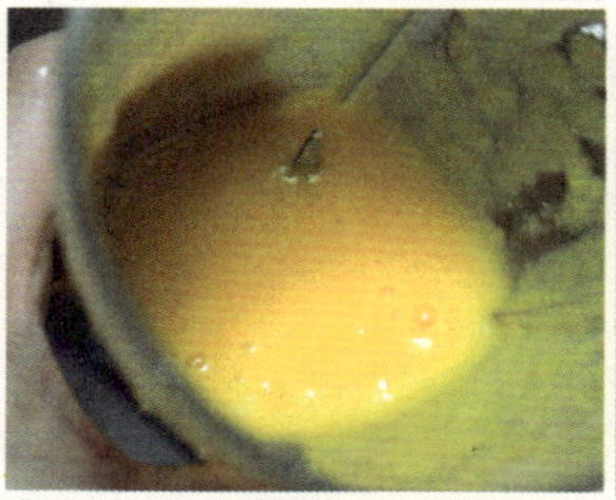

9 1～2瓣水蜜桃放入果汁机中打成泥。

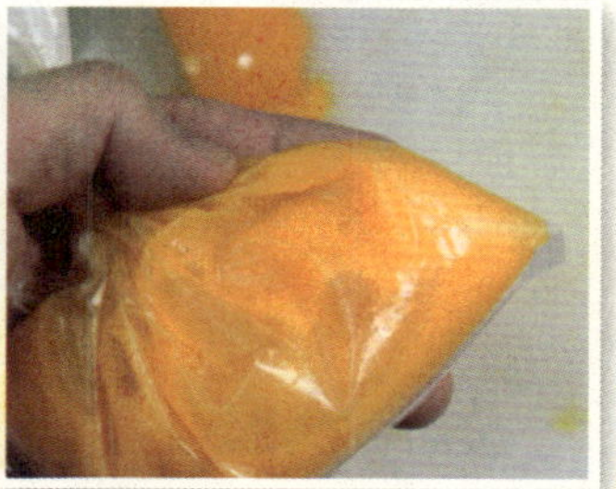

10 装在袋子里面。

11 明胶片泡水。

明胶粉也可以用凉水泡，泡水方法依每种牌子不同而有所不同，请参考包装上的说明！

12 奶油起司放在碗里，如果还硬的话，覆盖上保鲜膜再用手直接压扁。

13 隔温水把它弄软。

14 奶油起司变软了，离开温水加入糖粉搅拌好。

15 加入酸奶，搅拌好。

16 加入柠檬汁。

小心！看你用什么样的水果，如果水果本身有酸味，柠檬汁就用少一点，完全不加也可以。

17 明胶泡好后，把水倒掉。隔温水把它融化。

18 鲜奶油打发好（七分发）。

不要打太久，会太硬！否则不好混合！

19 在溶化的明胶里加温水，放入3大匙左右步骤15的起司糊，用打蛋器搅拌好。

注意！不要放反哦！将步骤15的起司糊加到明胶里，不是将明胶加到步骤15的起司糊里！(＞＜)//不然，明胶很快就结粒的！

20 将明胶与3大匙步骤15的起司糊混合，放回到原来的碗里，搅匀。

希望大家理解我写的做法。f(^_^;)

21 放入打发好的鲜奶油，用刮刀拌一拌。

该步骤我习惯用刮刀进行，这个方法可以预防鲜奶打发太多。

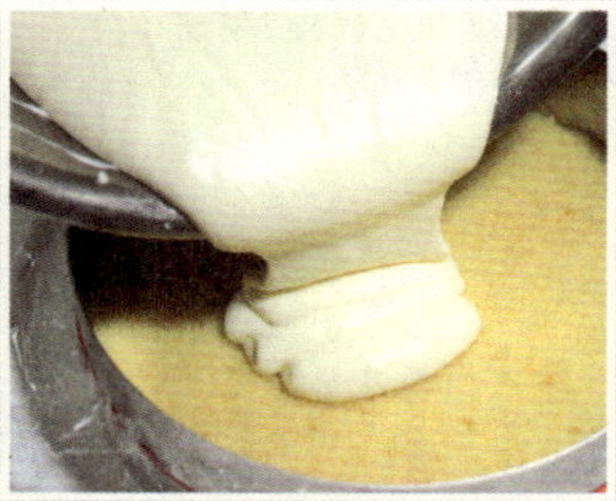

22 将1/2的步骤21的奶油馅料倒进准备好的烤模里面。

23 切片的水蜜桃排在上面。

24 再倒进去剩下的1/2奶油馅料。

25 将装水蜜桃泥的袋子剪开一角，从剪口处将泥挤在步骤24上面。

26 用筷子刮一刮表面，做出你喜欢的花样！^^ 好玩！之后放在冰箱里面冷藏至少6～8小时。

27 等凝固好了，在烤模外面用温水毛巾围起来把烤模稍微加热，再慢慢拿掉烤模。

28 继续做覆盆子口味的，酸酸的很爽口！夏天我喜欢做芒果口味的！ ⌒o⌒)b

Gourmet Pudding
Rolled Crape

豪华绚烂组合!
布丁可丽饼卷

5~6卷

名字会不会有一点夸张？(一_一;)我最近做了可丽饼皮，本来想冷冻起来下次再用，但突然想到，可用它来做一道创意甜点——可丽饼和布丁！做布丁，再用可丽饼包起来，一定好吃！但问题是，还要麻烦地烤布丁吗？不需要哦！用超级市场买的布丁粉就可以了！而且用这种方法可以控制形状。其实做这个甜点的时候发生了突发状况！(*_*) 看看MASA怎么处理吧！

延伸菜单
P.92：营养丰富！培根蛋和荞麦粉的法式咸可丽饼

Ingredients

[材料]

可丽饼 crepe——5~6片
布丁粉 instant pudding powder——1包
鲜奶油 whipping cream——200mL
水蜜桃（罐头）caned peach——15~18片

1 我做了好几张可丽饼，本来想包起来冷冻保存，后来看到那么多张皮，我想到可以做“千层可丽饼”。当然不是普通的，是做皮中间有布丁的！就让我们来做千层可丽饼布丁吧！

可丽饼做法请看P.92营养丰富！培根蛋和荞麦粉的法式咸可丽饼。

2 我买的鸡蛋布丁粉。

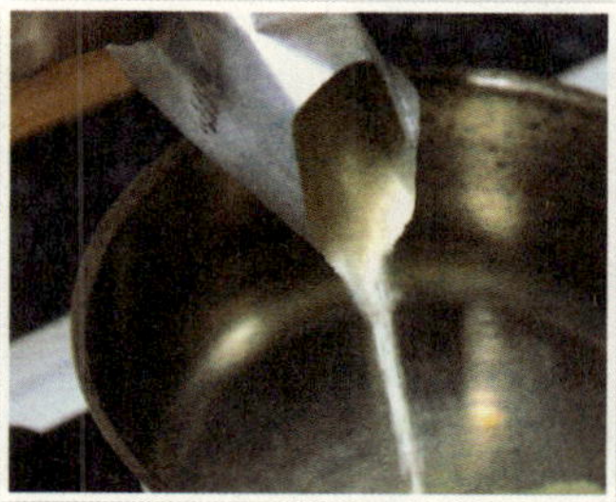

3 按照包装上写的，倒进已煮沸的水里。

4 煮一下，确认粉都完全溶化，冷却后可以装在烤模中！哇，做法非常简单！也不需要准备很多材料。

5 我找了一个大小刚刚好的盒子，放在可丽饼上面压下去。

6 做出来好多张形状相同的可丽饼。

7 先放一张可丽饼，再加入步骤4煮过的鸡蛋布丁粉液，放进冰箱，让它稍微凝固。

8 上面再放一张可丽饼。

9 再倒入步骤4煮过的鸡蛋布丁粉液。重复数次把可丽饼用完。

10 侧面可以看到很多层，好美丽！放入冰箱冷藏一晚上。让它完全凝固，好期待！明天见喽！♪

continue →

11 第二天把它们从盒子拿里出来，什么？它们都分开了？（一_一;）没有粘在一起！……我以前做过用慕斯跟蛋糕层的甜点，没有碰到这些问题。我回想它的状态，发现它是琼胶做的，所以情形不一样，它在40℃左右会马上凝固，所以可丽饼没有办法粘到布丁上。

12 没关系！还可以用单层（布丁和可丽饼）做甜点！下面铺保鲜膜，放可丽饼和布丁皮，涂上已打发的鲜奶油。

上面留一点空间，预防卷起来的时候鲜奶油被挤出来。

13 放上切片的水蜜桃。

14 用保鲜膜轻轻卷起来，因为刚刚做好，它很容易分开，先放在冰箱里，让鲜奶油稍微凝固。

15 切的时候，跟保鲜膜一起切比较好！这次，我可以期待结果吧！(*￣▽￣*)

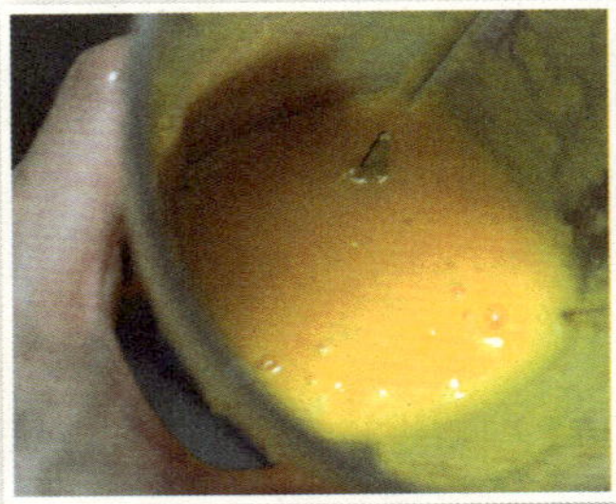

16 把水蜜桃放入果汁机里打成泥做装饰。

芒果、草莓都可以！

Almond tart with Custard cream & Grapes topping

传统洋果子
葡萄卡士达奶油酱杏仁挞

1个

大家新年快乐，恭喜发财！希望大家都很健康、很开心地过新年！我来台湾六年多了，希望今年是更好的一年，可以达成我的目标！大家一起加油！今年第一道料理是点心。冰箱里有很多葡萄，厨房很冷……唉，刚好！用奶油做的派皮，比较适合最近的天气，奶油不会轻易融化。让我来做正式的挞好了。

ingredients

[派皮]

- 奶油 butter——125g
- 白砂糖 sugar——50g
- 蛋黄 yolk——1个
- 面粉 flour——250g
- 盐 salt——2g
- 水 water——40mL

[杏仁奶油]

- 奶油 butter——50g
- 白砂糖 sugar——40g
- 鸡蛋 egg——1个
- 杏仁粉 almond powder——70g
- 淀粉 cornstarch——1大匙
- 朗姆酒 rum——适量
- 卡士达奶油酱——200g
  custard cream
  *做法参见P.268步骤1～7。

- 葡萄 grapes——15～20粒
- 果酱（葡萄）——适量
  jam (grape or apricot)

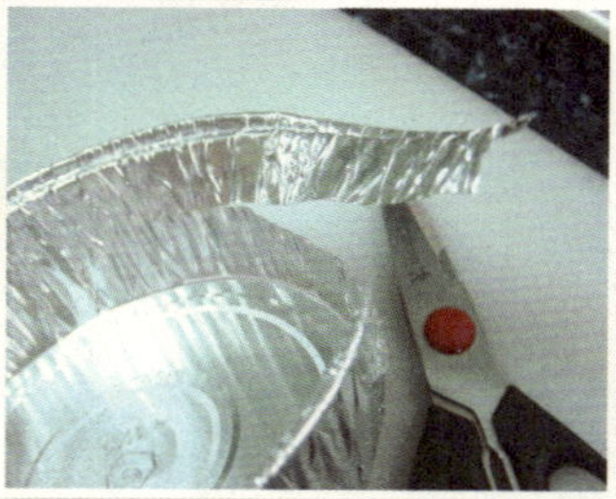

1 我家没有专门做蛋糕的烤模，所以我在超市买了铝箔容器，它太高，需要把上面剪掉。

如果你家刚好有烤模的话，可略过此步骤。

2 为预防粘黏，烤模在涂完奶油后撒面粉，敲掉多余的粉后，放在冰箱里保存。

3 将做派皮的材料量好，放入冰箱。在干净的桌子上面，放入量好的面粉与奶油用切面刀或用手快速混合好。

因为奶油很容易融化，所以先把所有材料冰起来，奶油切成小粒时才不易融化。小心！手是温的，混合时动作要尽量快一点。

延伸菜单 P.261：享乐季节来了！简单手工桑葚派

continue →

4 混合好，中间做个凹进去的坑，加入蛋黄、盐、白砂糖，把量好的水的2/3从旁边慢慢混合进去。

不要一次加入全部的水，要看面的硬度进行调整。

5 大概混合好后，用切面刀再次混合。

不要揉，只要混合，以防面筋成型。

6 做好包起来放在冰箱让它“休息”一下。

刚做好的派皮面团，因为面筋的关系会收缩，如果一次没有用完的话，可以放在冷冻室里保存。

7 桌上撒面粉，将步骤6约1/2的面团先做成圆形，用擀面杖打扁。

8 一边撒面粉，一边翻过来，均匀地擀平。

9 烤模放在上面确认大小，厚度大概3mm。

10 用擀面杖卷起来，放在烤模上面。

直接拿上来，皮容易破掉。

11 在烤模上铺好皮，确认压好，把旁边多余的皮切掉。

12 用叉子叉一叉烤模底部，再保存在冰箱里，让它“休息”。

13 接着做杏仁奶油。奶油变软后搅拌一下，再加白砂糖和淀粉搅拌。

14 慢慢加入鸡蛋，搅拌好，再加杏仁粉。

小心！一开始不要加太多的鸡蛋，很容易分离！建议：鸡蛋早一点从冰箱里拿出来，不要太凉。

15 卡士达奶油酱放进塑料袋里，将1/2的卡士达酱奶油均匀地挤在派皮里。

因为这种酱很硬，直接用汤匙铺的话不好用。烤好后，还要放入另外一种酱，所以要留一些空间。

16 放进烤箱（180℃）里烤20～25分钟，烤到变成金黄色后，拿出来冷却。

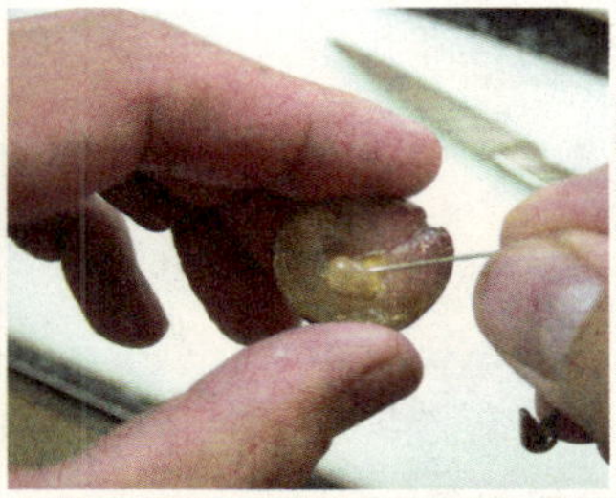

17 葡萄切半，用牙签把子剔除，再剥皮。

18 将卡士达奶油酱挤在烤好的派上面，再将去子的葡萄码放好。

不一定要用葡萄，也可以用草莓、香蕉、猕猴桃、苹果!

19 果酱中加一点点水，搅拌之后涂上去。

原本的做法是，将用杏做的果酱煮到浓稠后再涂在上面，它叫镜面果胶，这次我用新鲜的水果，所以，我没有用煮的方式。

Play dough ABC! Pete.Brisee

料理和甜点的基础——派皮

1个

做料理或点心时一定会碰到一些食谱用派皮，商店里有卖现成的，非常方便且价廉，但如果你有空，有兴趣从头到尾做派的话，这里可帮助你！^^ 派皮有很多种，这次我介绍不加入糖的派皮。它的口感脆脆的，平常做法式咸派时的馅可放入当季的菜再加入蛋液去烤。

不管怎样，这次我要用两道菜的步骤来介绍，第一道做派皮，第二道用派皮做法式咸派！那么开始喽！

Ingredients

[材料]

- 低筋面粉 cake flour——250g
- 奶油 butter——125g
- 蛋黄 yolk——1个
- 盐 salt——1小撮（约1/8小匙）
- 冷水 cold water——60mL

1 奶油切成骰子般大小后，放入冰箱。

还要准备其他的东西，先冷藏起来再做下一个步骤。

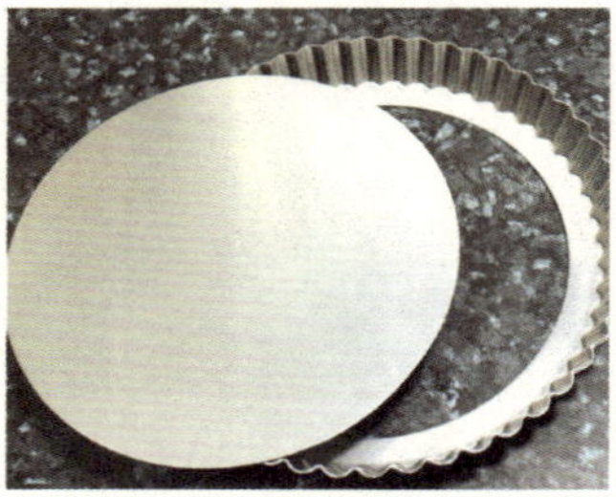

2 这次用这种烤模（直径23cm），我习惯用下面与侧面可以分开的那种。

3 奶油涂在烤模上，侧面、底面都要。

如果用不粘的烤模的话，此步骤可省略。

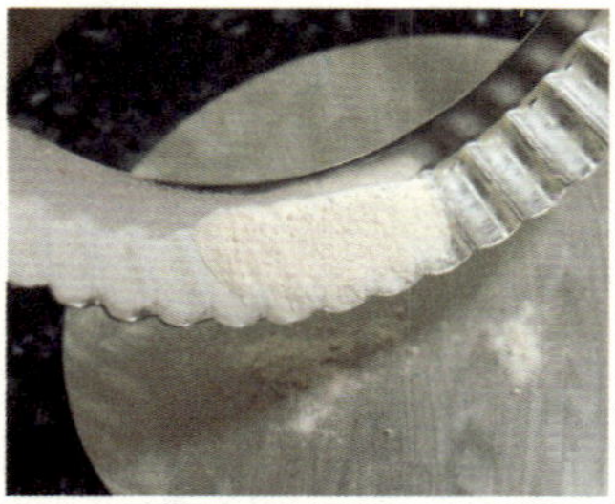

4 在侧面撒粉，再把底面摇一摇让粉平均散开。

沾粉时我习惯用高筋面粉，它比较好用。

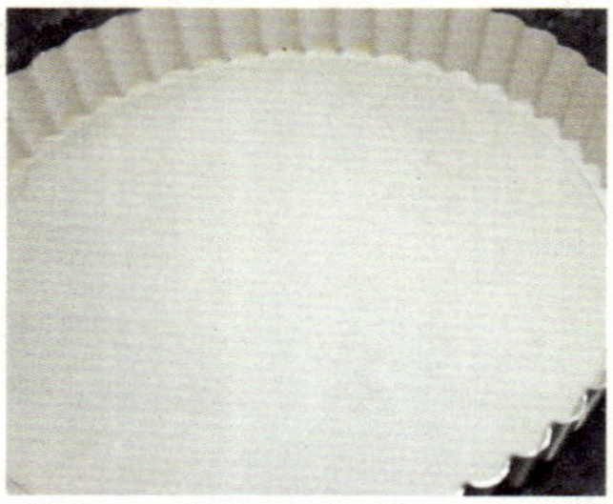

5 敲一下烤模，把多余的粉去掉，然后放入冰箱。

延伸菜单 P.258：料理和甜点的应用！南瓜和菠菜法式咸派

6 鸡蛋打开用手抓住蛋黄，让蛋清从手指缝隙滴下去。

去掉蛋清不是要利用蛋壳吗？也可以，但有时候不小心壳会刺破蛋黄的薄皮，那样就完蛋了！(*￣▽￣*)

7 面粉用网子筛一下。

面粉最好也要用冰的。先量好放在冰箱里也是好主意！

8 将准备好的奶油放在面粉中间，用切面刀一直切到奶油变得很细。

因为用手做这个动作，奶油很快就会融化，记住，千万不要让奶油融化！

9 它差不多变成这样子，做成一个山形，之后在中间做个凹进去的坑。

10 放入蛋黄。

11 再加点盐。

12 加冷水。

13 用手指将蛋和水搅拌好。

14 从外向里把面与蛋混匀。

15 确认蛋液跟面粉已混好。

16 揉在一起做一个面团。

注意不要揉太久！看到很多裂开的部分才是正常。这样子烤的时候才会有脆脆的口感。

17 用保鲜膜包起来压扁后冷藏起来。让它“休息”，把里面的奶油凝固一下。

扁扁的形状，等一下用时才比较好切，如果不是马上要做的话，可以冷冻保存起来。

18 “休息”好的面团切半先用半个。

19 把它弄成圆形。

如果没有做成正圆形，等一下压扁的时候不好均匀散开。如果弄得很久，又会变得太软，再放入冰箱里冷藏一下。

20 用擀面杖将其擀成圆圆扁扁的。

21 然后用擀面杖开始滚压，让面团均匀等伸展。

22 慢慢滚压，变成这么大片后，放烤模试试看够不够大。看到旁边多余的皮。已经够大了！辛苦了！

23 擀成这么大的薄片，它容易破掉，用切面刀把皮挂到擀面杖上。

24 用擀面杖卷起来。

25 移到烤模上。

26 擀面杖慢慢逆滚，让面皮自然盖在烤模上面。

27 旁边多出的面皮再一点点按压在侧面。

因为派皮会缩小，先故意做高（大）一点，烤好后就会刚刚好！

28 万一皮破损、有孔。没关系！别紧张！（><;)//用边缘的皮补上去！

29 边缘用擀面杖滚一下，切掉旁边多余的面皮。

30 用叉子叉几个孔，先把它冷冻起来，至少要冷冻半小时，最好是一个晚上。

水蒸汽从孔里边散出来，烤的时候派皮不会变得湿湿的！刚滚好的皮里面筋非常活泼，马上烤的话会缩小很多！

可做到步骤16或步骤29，冷冻起来，想要用时再拿出来！

Play dough XYZ!
Pumpkin & Spinach Quiche

料理和甜点的应用!

南瓜和菠菜法式咸派

1个

以前介绍过法国菜中有一道法式咸派，它是咸的。种类很多！最常看到的法式咸派应该是洛林乳蛋饼。据说法国有一个叫“洛林”的地方，那里有一种烹饪方法，里面放入培根、绞肉、蔬菜、起司，然后加入蛋液与鲜奶油或牛奶蛋液一起烤，下面是酥酥脆脆的皮，上面是调和的非常香的菜跟培根。做法非常简单，一定要试试看！加在里面的东西可以改变，那么我就用马上想到的菜做吧！那它是什么菜呢？

如果你读过我的菜谱书，你一定很容易猜到。对！就是南瓜！MASA又要用南瓜……编辑也发现我特别喜欢用南瓜做料理，讨厌南瓜的朋友们，真不好意思……f(^_^;) 我真的很喜欢南瓜，当然，你可以用别的食材代替南瓜。只要参考做法，然后交换材料的部分就好了。法式咸派的变化是无限大的！发挥你的想象力吧！

延伸菜单
P.254：料理和甜点的基础——派皮

Ingredients

[材料]

- 法式咸派皮 pete.brisee——200g
- 蛋黄 yolk——1个
- 水 water——少许
- 南瓜 squash——180～200g
- 培根（切小片）bacon——3片
- 洋葱（切片）oinon——1/2个
- 菠菜 spinach——1/2把
- 鸡蛋 eggs——3个
- 鲜奶油 whipping cream——100mL
- 牛奶 milk——80mL
- 起司粉 parmesan cheese——3大匙
- 盐 salt——适量
- 胡椒粉 peper——适量
- 比萨起司 pizza cheese——50g

1 把准备好的法式咸派皮拿出来。

2 上面铺一张烘焙纸，纸上铺米或红豆（也可以放压派石）。

没有烘焙纸可以用铝箔纸代替。已经用叉子叉了很多洞。为什么还要放米呢？因为，让水从小洞散发出去才会有脆脆的口感，表面没有压好，皮还会膨起来。

3 放入预热好的烤箱（上下火均为180℃），烤15分钟左右。

4 拿掉纸，继续烤到表面稍微上色（6～7分钟）。

这个时候，水蒸汽从洞中出来。皮会越来越脆！

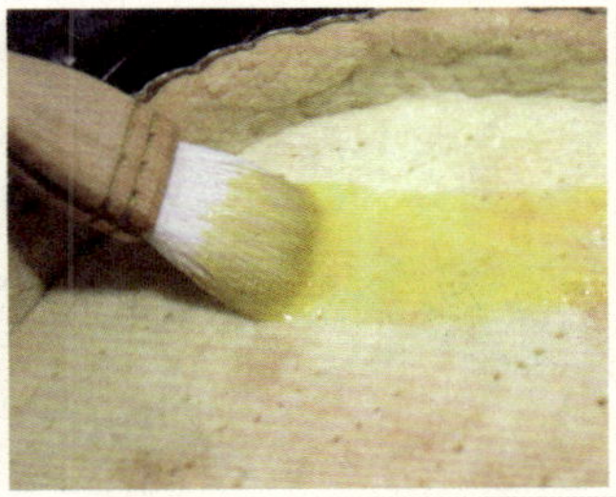

5 拿出烤好的派皮，蛋黄中加一点水，搅拌好后用刷子涂在表面，把洞封起来。

因为有的派材料会水水的。如果洞没有封起来，有时候会从洞里流出来，结果皮下面会烤焦(;゜0゜)。

6 再放入烤箱烤 1～2分钟，烤干鸡蛋液就差不多可以取出来了。

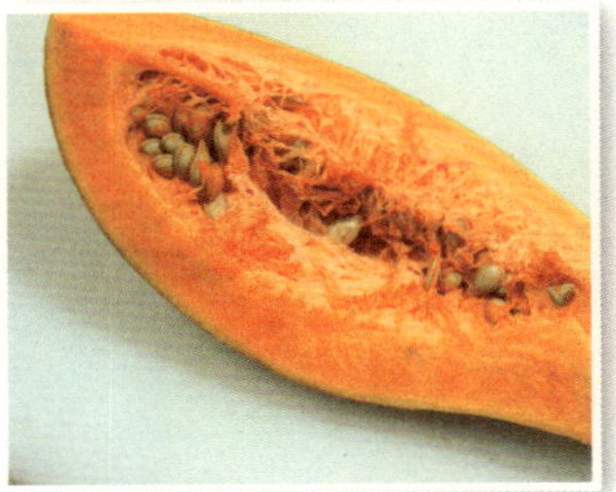

7 这次我用了长形的南瓜，它的水比较多，很甜，皮也不会很硬。看起来好像“木瓜”的样子。

8 用汤匙把子拿掉后切片；菠菜也切片。

因为皮很软，南瓜这次没有削皮，皮里边有最多的营养，最好不要去掉！

9 炒培根，让油分出来后再加入洋葱。

continue →

10 洋葱变软后放入切好的南瓜。

如果太干可以加些奶油。

11 南瓜变色，加入切好的菠菜，炒到变软后再加入盐、胡椒粉调味，然后放在旁边。

12 鸡蛋中加入鲜奶油、牛奶、起司粉、盐、胡椒粉后搅拌均匀。

13 将步骤11炒好的材料铺在烤好的派皮上。

14 将步骤12搅拌好的液体倒进去，上面撒披萨起司。

不一定要将全部的分量倒进去，到快溢出来的时候停住！

15 放入预热好的烤箱（上、下火均为180℃）烤30分钟左右。

这次我用南瓜做主菜，当然还可以用其他的菜，加入海鲜类也很好！反正，要记得先将材料炒好或煮好后再放入烤箱！

Must have item for picnic!
Easy Mulberry pie

享乐季节来了!
简单手工桑葚派

6个

家里有一种很有趣的水果，我一直在想它到底叫什么，我一直以为它是黑莓，但是后来才知道它叫桑葚。我在日本时很少看到它，加拿大有跟它很像的莓果。我已经学到很多种莓果的中文名字，草莓、蓝莓、覆盆子、黑莓，然后桑葚，我的老脑袋瓜快爆炸了！(°∇°；)我个人很少遇到这种水果，一直在想可以用它来做什么？反正，它快烂掉的样子，先把它弄成果酱吧！后来，想到非常适合的甜点，就是“派”！里面香香的桑葚馅，外面酥酥脆脆的皮，而且和平常一样，我帮它变了一些花样，加了卡士达酱！最近天气变暖了！不冷不热，温度刚刚好，是非常适合出去玩的季节！不一定要去很远的地方，到附近的公园坐一下也很好。好吃的派，做法超级简单，装在可爱的袋子里，跟自己做的便当一起带出去。(^0^)

延伸菜单
P.251：传统洋果子
葡萄卡士达奶油酱杏仁挞

ingredients

[材料]

桑葚 mulberry——500g（尚未去蒂的重量）
*其他的莓类都可以用!

白砂糖 sugar——50g
*砂糖的甜度可自行调整!

柠檬汁 lemon juice——适量

卡士达酱 custard cream——约200g
*分量可自行调整，不加也OK

君度橙酒 cointreau——适量

冷冻起酥皮 pastry sheet——6张

鸡蛋 egg——1个

1 桑葚看起来非常漂亮，把它洗好后，放入锅里。加入白砂糖和柠檬汁，白砂糖的量大概是桑葚的十分之一。

不需加水，水果本身自己会出水。先加入一点点白砂糖，然后再试味道，不够甜再加糖！柠檬汁也是一样哦！

2 我煮了6～7分钟，水就出来了。试试看口感怎么样！

桑葚有“蒂”，我没有特别剪掉。直接煮，煮后的口感没有问题，蒂也会煮软了！不用麻烦地把蒂从果肉中拿掉，而且有蒂才不会散开烂掉。

3 熄火放在盘子里，冷却。

它就是果酱。这样直接倒进杀菌的瓶子里保存也可以。

4 卡士达酱准备好。冷却后加入一点君度橙酒。

卡士达酱做法请看P.268步骤1～7！君度橙酒不加也可以哦！

5 我买了冷冻起酥片，一张皮里面有很多层（面团和奶油），先移到冷藏室，慢慢解冻。

自己做一定要控制温度，太软的奶油融化后就不能做多层的派皮……(ー_ー;) 我来用现成的就好了！它非常好用，味道也已经很好！

6 桌上撒面粉。起酥片放在上面。旁边画笑脸←不画也可以。

你要用多少派皮先拿出来放在旁边，剩下的冷冻起来。不要一整包放在室温中，虽然每张派皮中间有纸，但还是会粘住！

7 用擀面杖擀大一点。

不用擀太薄，只要弄大一点点，这样才比较好包东西。

8 中间用刀压一下，做折线。

别切断哦！

9 背面用刀有间隔地划切。

切到底哦！但是不要切断了。

切成什么样都行，你开心就好！（*￣▽￣*）～♪

10 调好的卡士达酱放在袋子里，挤在起酥皮另外一边。

11 酱上面放煮好的桑葚。

12 划切的那边折起来。

13 旁边用叉子压下去……。

14 用刷子在表面涂蛋黄液。

15 放入预热好（上、下火约为200℃）的烤箱里烤约15分钟。

每家烤箱的状况不一样，时间设定短一点看看状态。如果颜色变得太快，下面还没脆脆的话，你有以下三种选择：

（1） 用铝箔纸把表面盖起来继续烤。

（2） 温度调低一点。

（3） 把搁板的位置移动到下面一点。反正，跟你的烤箱相处久一点，多认识一下“它”的特点！^^

变化形

1
我做了苹果派，它也非常好吃！

2
在超市买了包装袋。冷却后，切成2～3块。装在袋子里面带出去！ ^^

Tofu Cheese cake with Raspberry flavor

覆盆子豆腐起司蛋糕

1个

Ingredients

[材料]

- 板豆腐 firm tofu——350g
- 酸奶 yogurt——250g
- 起司 cream cheese——150g
- 白砂糖 sugar——100g
- 君度橙酒 cointreau——适量
- 柠檬汁 lemon juice——2小匙
- 明胶片 gelatin sheet——7g
- 消化饼干 crackers——5～6片
- 奶油 butter——40g
- 覆盆子 raspberry——80g

想要做健康的点心，一下子就想到豆腐。第一本书介绍过团子里面加入豆腐做的和果子，步骤简单，口感很软，非常好用的样子！那么，这次我用豆腐做西式点心！我最喜欢的蛋糕就是芝士蛋糕，它很好吃，但热量不低。看看有什么方法可以少用一点奶油起司，把豆腐和酸奶弄成泥偷偷放进去减少些起司，味道呢？非常棒！酸酸香香的覆盆子也跟豆腐变成好朋友的感觉！吃的开心，又健康！

延伸菜单
《在厨房遇见MASA》P.186：本格派！三种豆腐团子

1 如果要脱水打碎的话，用板豆腐比较好用。

2 豆腐上面放盘子和重物，压一下使其脱水（约半小时）。

3 明胶片泡在凉水里。

明胶在夏天很容易融化，一定要用凉水，或在冰箱里泡。

也可以用明胶粉。方法一样，先加入一点水让它吸收水。

4 准备蛋糕下面的部分，袋子里面放入消化饼干，用擀面杖打碎。

5 奶油放入碗里，用微波炉加热至其化。

6 融化好的奶油里面加入打碎的饼干，搅拌好。

7 搅拌好之后放入烤模里面。

图片中我用方形的烤模，圆形、星形、心形都可以，看你喜欢！

8 饼干全部放入之后，用平的东西压好，将它放入冰箱里面让它凝固。

9 覆盆子直接放入锅里，加入20g白砂糖，用中火煮到烂。

不需要加水。让它自身的水出来就够了！

10 煮好用网子过滤，用刮刀压好去掉子。

其他的水果也可以用！芒果、蓝莓、草莓，在适合的季节选用！

11 现在再回到豆腐这边，它已经挤出了很多水！

脱水后，豆腐的重量变轻了，没有关系。

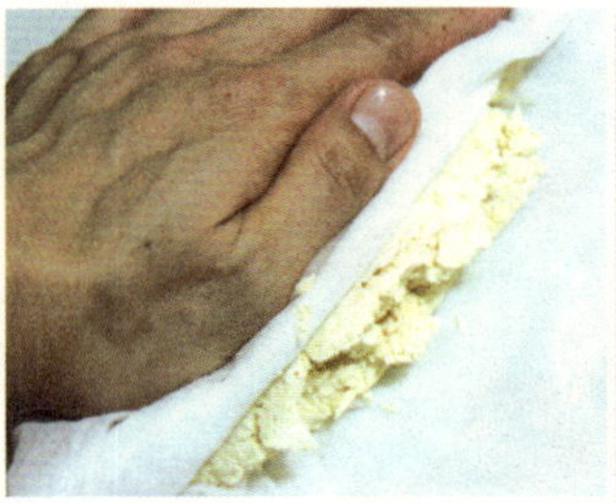

12 如果水还有很多的话，用纱布压一下，擦掉水。

13 起司放在室温下，让它变软，再加入80克白砂糖。

如果还硬的话，隔温水加热。

14 酸奶和已脱好水的豆腐倒入果汁机中打成泥。

15 打好的酸奶豆腐放入步骤13的起司里，搅拌好。

16 加入步骤10的覆盆子酱（大约2大匙）。

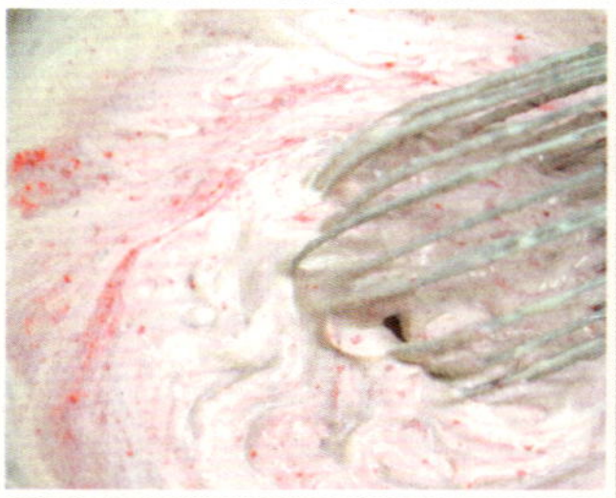

17 搅拌一下。

如果想要做大理石状的纹路，不用搅拌太多次，留一点还没混合好的感觉。

18 将泡好的明胶片从水里拿出来，放在碗里，隔热水加热至其融化。

19 在溶化好的明胶里加入一点步骤17的起司糊搅拌好。

明胶液不要直接加入步骤17的起司糊里面！它会马上凝固，先用少量的起司糊倒入明胶液里搅拌比较好。

20 将已拌好的起司糊放回到步骤17的起司糊里，再次搅拌好。

21 倒入准备好的烤模里面让它均匀摊开。

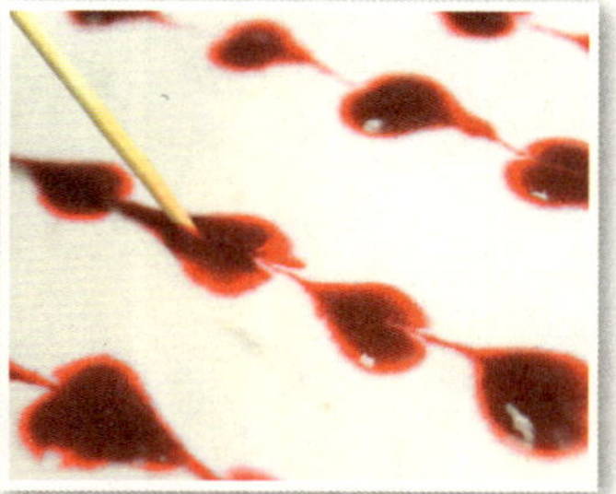

22 上面的装饰由你自行决定！剩下的覆盆子酱用小汤匙滴，然后用牙签刮，制作出大量爱心！放入冰箱冷藏一个晚上。^^

Handy-Dandy Mini Apple pie

一口小点心!
迷你芒果派

28~32个

我非常喜欢台湾芒果的口感，味道也很甜，平常我都在洗手台直接咬着吃，这样可以不用盘子，也不用准备擦手巾，吃完直接洗脸、洗手就好了！但是芒果一直不停地出现在我家，有这么多这么甜的水果，一定要做点甜点！我觉得它的魅力主要还是它嫩嫩的口感。所以不要经过太多加工工序，只是为增加芒果本身的美味！配合添香酒的上品卡士达酱，口感酥酥脆脆金黄色的派皮就是一道非常棒的芒果派！步骤也很简单！

延伸菜单

《在厨房遇见MASA》
P.184：迷你三种果挞

ingredients

[材料]

鲜奶油 whipping cram——150mL

糖粉 icing sugar——10g

君度橙酒cointreau——适量

芒果 mango——4～5个（看芒果大小）

酥皮 pastry sheet——7～8张

[卡士达酱]

蛋黄 yolk——3个

白砂糖 sugar——50g

低筋面粉 cake flour——25g

牛奶 milk——250mL

1 先做“卡士达酱”。将蛋黄放入不锈钢盆中，再加入白砂糖。

2 隔着温水用打蛋器将蛋黄打至变为白色。

3 加入低筋面粉后再搅拌一下。

4 用中火加热牛奶，煮沸后，倒入步骤3中搅拌均匀。

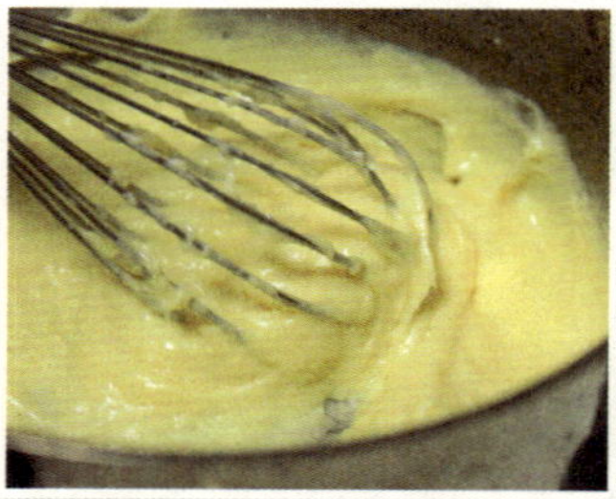

5 继续用中火加热，并用打蛋器一直搅拌至均匀，确定已刮到锅底，煮到完全熟。

6 将步骤5煮好的馅料用滤网过滤。

7 接着倒在盘子里，表面涂奶油，放入冰箱冷却。

8 鲜奶油加入糖粉后打发。

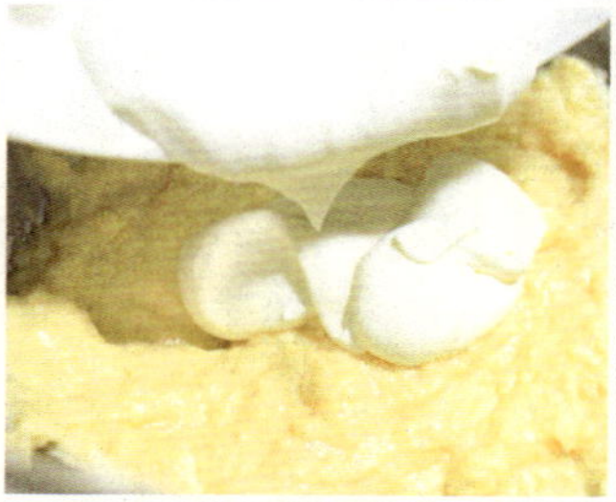

9 打发好后放入步骤7的卡士达酱里面，搅拌好。

10 加入君度橙酒，再搅拌一下。

给小朋友吃的话，不要加酒哦！^^;

11 酥皮从冰箱冷冻室拿到冷藏室，慢慢解冻。

不要从冷冻室取出后直接放在室温下！它会融化、出水！

12 这次我要做小块。切成1/4大小。

13 放进预热好（约200℃）的烤箱，烤到呈金黄色（约10～15分钟）。

每个烤箱状况不一样。时间及温度参考这里，再调整时间设定！^^;

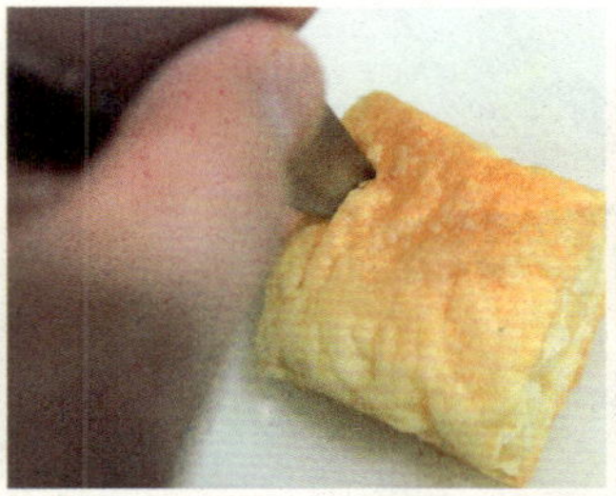

14 皮冷却后，用小刀将上面切开。

不要切到底！只切上面的几层就行了。

15 把上面的皮拿掉。

16 放入步骤10的卡士达酱。

17 放入已切好的芒果丁。

这次我用芒果，也可以用其他的水果做！

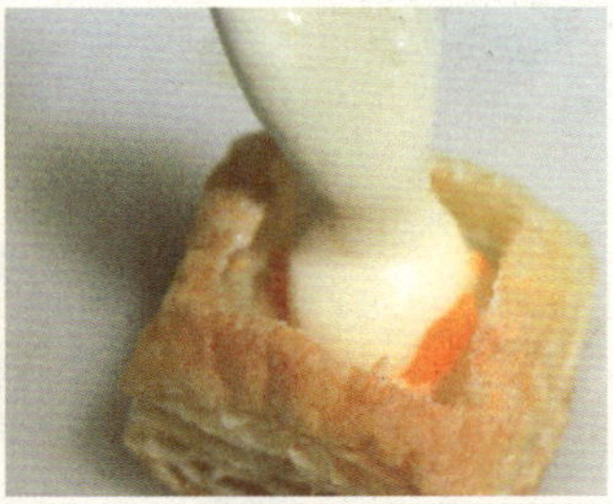

18 继续放卡士达酱，再放芒果（做两层）。

Chest nut Mini tart

日本咖啡店必备甜点
蒙布朗栗子蛋糕

6~8个

小时候跟着妈妈去咖啡店时，我常吃草莓蛋糕，妈妈吃“蒙布朗”（这原本是座山的名字，因为用栗子馅挤出来就像很高的山）她每次都给我吃一口，但是，我不太习惯，因为栗子馅里面的酒味很足……后来我长大了，现在自己做蛋糕时常加很多酒，让学生试吃时，结果，学生们都醉了。f(^_^;)对不起！不管怎样，这种蛋糕，大人和小朋友都可以享受，只要调整一下酒的分量即可。这次还要介绍蛋清跟蛋黄分开搅拌的方式。哪里不一样？它比较松软，碎碎的样子，样子像软软的饼干。这本书介绍两样的（全蛋和分蛋）步骤，我觉得两个都很好用，看你喜欢的口味，或以当时的心情做决定。今天要烤哪种蛋糕，看自己的“口福”嘛！

延伸菜单

P.180：有空慢慢试试看！非常手工栗子炊饭

1 蛋黄跟白砂糖混合好后，再隔温水打发。

确认蛋黄和白砂糖混好，否则，隔着温水加热时，蛋黄会开始凝固（熟）。

2 蛋清先搅一下，之后加入一半分量的糖粉，隔冰水开始打发。

一次不要加太多！多了不好打。

蛋清跟蛋黄相反，要“凉”着打才会发起来！

Ingredients

[材料]

天津甘栗子或甘露煮——6~8颗
rosted chestnuts or marronglace

糖粉 icing sugar——适量

[小蛋糕]

蛋黄 yolk——40g（约2个）

白砂糖 sugar——15g

蛋清 egg white——60g（约2个）

糖粉 icing sugar——20g

低筋面粉 cake flour——35g

玉米粉 corn starch——10g

牛奶 milk——10mL

[栗子馅]

奶油 butter——80g

栗子泥 chestnut cream——300g
*如果买不到，也可以用黄甘薯或紫甘薯代替（蒸好再打碎泥）

深朗姆酒 dark rum——20mL
*如果没有，可以用白兰地代替。

鲜奶油 whipping cream——200mL

糖粉icing sugar——15g

[糖水]

水 water——50mL

白砂糖 sugar——50g

深朗姆酒 dark rum——少许

3 变白且开始发起来后，再加入剩下的糖粉继续打。

我习惯用糖粉，比较好混匀。

4 打到像图片一样的状态，让它完全发起来。

若打发得不够硬，等一会儿跟面粉和的时候，会变得水水的，烤得时候膨胀不起来。

5 打发好的蛋黄里面加入打发好的蛋清，用刮刀拌一拌。

拌的时候，用“切”的动作，不要让泡泡消掉；大概混合一下就行了，等一下还要将面粉拌进去。

6 加入一半量的低筋面粉，拌一拌，再加入剩下的面粉。

跟海绵蛋糕一样，面粉分两次放入才不会结粒。

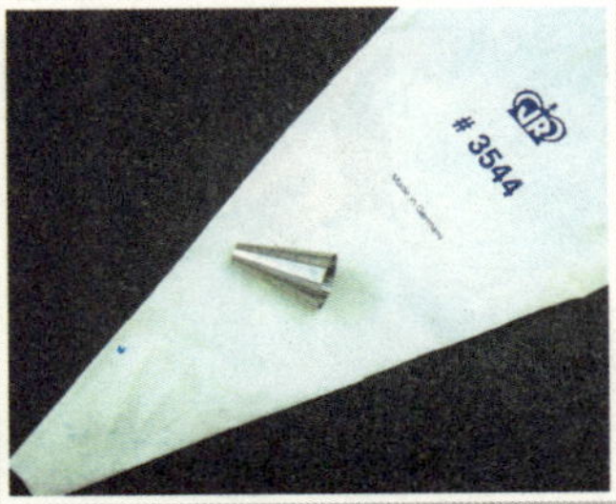

7 用这种挤花袋，圆形的（口角直径1cm）。

continue →

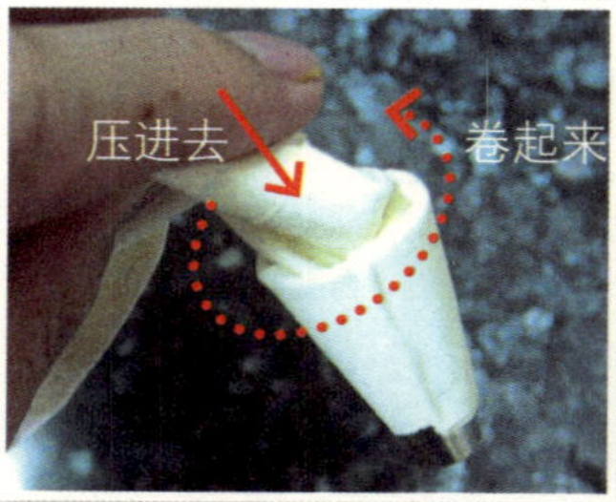

8 挤花嘴上缘的袋子卷起来压进去，预防漏面糊。

9 将面糊放入挤花袋里。

10 在烘焙纸上挤出直径约8cm的圆形。

如果不习惯，先在纸上画出圆形。

11 挤好后，撒上糖粉。

12 放入预热好（约180℃）的烤箱，烤到熟（需8～10分钟）。

注意！因为每种牌子烤箱的状况不太一样，可能还需要调整烤箱的温度及时间。

13 这次我用日本进口的栗子泥（烘焙店有售），它已经调成甜味，不需要再加入东西，可以直接用。

因为它很甜，(一_一;)如果有的话，可以加入一点法国进口的栗子泥（咖啡色的，没有加糖），大一点的超市有售，你可自行混合或调栗子馅！

14 栗子泥里面加入深朗姆酒。

15 做糖水。水和白砂糖一起煮一下，白砂糖溶化后熄火冷却，再加入深朗姆酒。

16 把鲜奶油和糖粉（约15g）放在一起打发。

17 将调好的栗子馅放入挤花袋里。挤花嘴选用有很多孔的那种。

没有的话，用你喜欢的纹路即可！^^b

18 天津甘栗子去掉壳；巧克力融化后装在袋子里面，一角剪一点开口，挤在栗子上面。

19 终于要组合了！早准备好的蛋糕上面用刷子涂一点步骤15的糖水。

20 在蛋糕中间挤出鲜奶油。

21 像鲜奶油围起来的样子，挤出栗子馅。

22 最后放上步骤18做的天津甘栗子，撒一点糖粉，用薄荷叶做装饰。

Toast Tower with Maple syrup & Ice cream

枫糖浆烤吐司蛋糕

1个（约600g）

日本在20世纪80年代的时候，哪里都非常热闹，经济泡沫破裂之前，每家店生意都很好。大学生们毕业后很容易找到薪水很高的工作，很多舞厅都会卖轻食，人气非常高的就是把普通的蜂蜜吐司面包整条烤后加上丰富的装饰，从此适合迪斯科洒吧的点心诞生了！那时我还是学生，忙着在餐厅打工，没有时间去跳舞。后来，许多咖啡店或餐厅都开始卖这种吐司。经济危机之后，很多迪斯科店倒了，但这种吐司依然还在。这次我介绍的不是用蜂蜜而是用枫糖浆做的，为什么呢？因为我家有很多瓶枫糖浆，是从加拿大带过来的，这与加拿大风格的淡棕色吐司的步骤其实一样，你想要淋什么都可以！

Ingredients

[材料]

- 吐司（未切）toast bread(uncut)——1/2条
- 奶油 butter——1～2大匙
- 枫糖浆或蜂蜜 maple syrup or honey——适量
- 冰激凌 ice cream——适量
- 杏仁片 sliced almond——适量

延伸菜单
《在厨房遇见MASA》
P.190：巧克力苹果法国吐司

1 还没切片的半条吐司。

如果没有这种还没切好的吐司，前一天跟面包店老板预订一下！

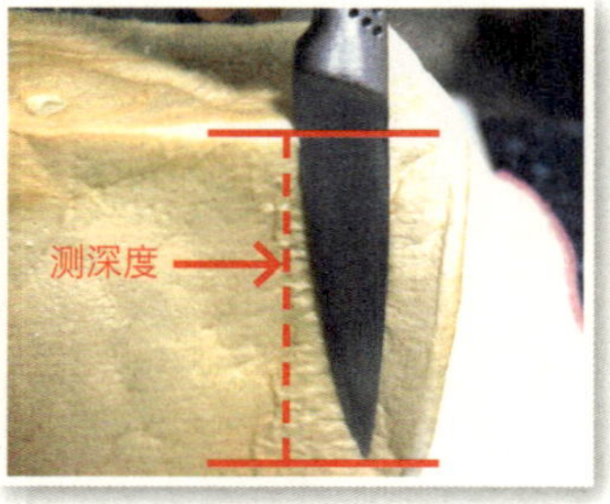

2 面包“底面”要切掉。用小刀先目测一下，刀要切下去多少。

不要让刀尖从面包另外一边出来！

3 从角落开始慢慢切……后来发现，看起来好像……

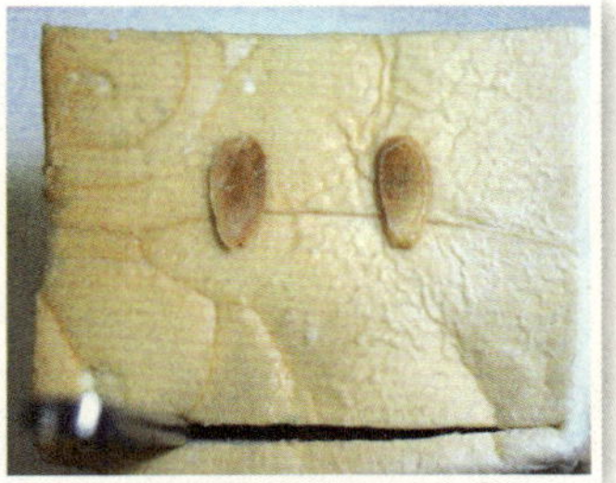

4 老人在抽雪茄！放了两片杏仁片，变成可爱的样子。

5 再切面包的“侧面”，用同样的方式切。

6 如果怕不小心切得太深，量好之后，贴上胶带做记号后再切。

7 四边都切好，把中间部分拿出来。

8 把步骤7的吐司切成小四方型。

我切了18块，切成大的小的都可以，你开心就好了！

9 用平底锅煎或用烤箱烤到四面都呈金黄色。

我在平底锅加入奶油后再煎。

10 将面包盒放入烤箱，以180℃烤到变成脆脆的样子。

面包盒里面也可以涂一点奶油。

11 将煎好的面包块放进面包盒子里，两层淋枫糖浆或蜂蜜再放冰激凌，撒上肉桂粉，还可以任意装饰你喜欢的东西。～♪

Green tea & Japanese yam cookies

享受简单的美味
抹茶和甘薯饼

20片

延伸菜单
《在厨房遇见MASA》P.198：简单！健康！羊羹风红薯蛋糕

我是对咖啡上瘾的人，每天至少要喝一杯，而且是什么都不加的咖啡。很久以前刚来台湾时，很难找到“黑咖啡”，买到的都是加入奶精、糖等调好的咖啡。路上看到咖啡店，不太会讲中文，菜单上面写“House Blend Coffee”，我以为这是混合好咖啡豆做的咖啡的意思（在日本是这样子）。但是，他们的意思是：咖啡、奶精、糖混合的意思！喝了一口，我很……m(*゜д゜)m 后来比较方便，在便利店也有卖黑咖啡的……唉，题外话了。重点是，我喝咖啡时，通常会配点心吃，蛋糕、饼干，都很适合！这次我做了芋类饼干。爱用芋类的人又做了芋果子！加了大量的甘薯口感，没有普通饼干的粉粉的样子，有甘薯的风味、口感！与你喜欢的饮料（红茶、混和咖啡都很好搭配）搭配尝尝看！

Ingredients

[材料]

- 甘薯 sweet potatoes——120g
  *去皮，过筛后的分量。
- 低筋面粉 cake flour——120g
- 奶油 butter——50g
- 白砂糖 sugar——40g
- 鸡蛋 egg——1个
- 抹茶粉 green tea powder——1/2小匙
- 黑芝麻 black sesame——适量

1 我用的是甘薯。已经蒸好的，可以直接吃。

没有这种新鲜的甘薯，自己蒸也可以。

2 除去甘薯皮，打碎。

3 我想要更细的口感，所以用网筛一下。

注意！甘薯的分量（约120g）是指“处理后”的重量哦！

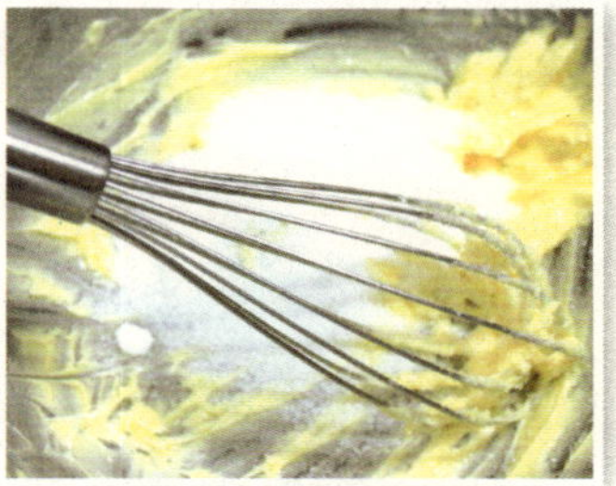

4 室温状态的奶油搅拌好后，加入白砂糖再次搅拌好。

5 加入鸡蛋搅拌，确认已混合好。

6 放入处理好的甘薯，搅拌好。

7 放入筛过的低筋面粉。

8 用刮刀拌一下。

拌的次数不要太多，要保留脆脆的口感。

9 这次我想要再多加一个步骤。将面团分成两部分。

continue →

10 一部分加入黑芝麻拌好。

11 另外一部分加入抹茶粉拌好。

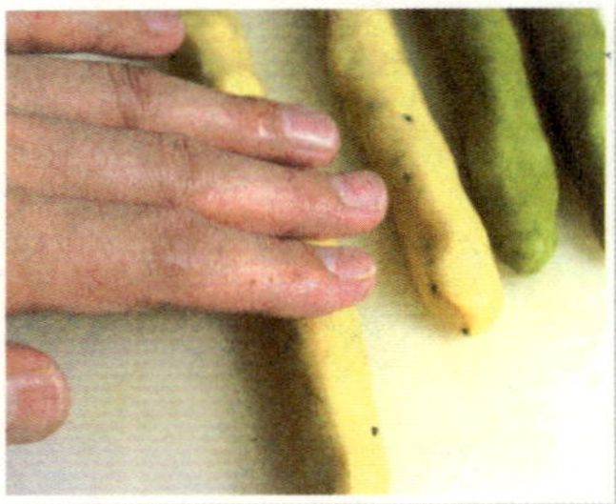

12 两种面团揉成棒状。

13 在保鲜膜上，四条（两种颜色)粘在一起。

装法很多，看你喜欢的样子！跟小朋友一起做也很好玩。

14 用保鲜膜包起来做成一条后，让它“休息”30分钟。

不要马上切，它太软不好切，而且面筋现在很活泼，马上烤会缩小！

15 拿掉保鲜膜，切片后，保鲜膜铺在面团下面和上面（面团在保鲜膜的中间），用擀面杖压扁（厚度大约是5mm）。

16 在铁板上面铺烘焙纸，把步骤15做的小块面团码好。放入已预热好（约180℃）的烤箱烤12～15分钟。

注意！因为每种品牌烤箱的状况不太一样。可能还需要调整烤箱的温度和时间。

Joy of Cooking at MASA's Place

Joy of Cooking at MASA"s Place